U0314912

普通高等教育 "十四五" 规划教材

金属材料成形摩擦学

主编 王 伟 高 原 王快社

北 京

冶金工业出版社

2023

内 容 提 要

本书对金属材料成形摩擦学中的摩擦、磨损和润滑行为等进行了全面介绍，主要内容包括摩擦学概论、金属材料成形中摩擦副与表面接触、金属材料成形中的摩擦学理论、金属材料成形摩擦学测试技术、金属材料成形工艺润滑剂以及典型金属材料成形工艺中的摩擦与润滑等。为了便于巩固与提高，每章后附有习题与思考题。

本书可作为高等院校材料加工工程及相关专业的本科生、研究生教材，也可供有关工程技术人员参考。

图书在版编目（CIP）数据

金属材料成形摩擦学／王伟，高原，王快社主编．—北京：冶金工业出版社，2023.9

普通高等教育"十四五"规划教材
ISBN 978-7-5024-9775-0

Ⅰ.①金…　Ⅱ.①王…　②高…　③王…　Ⅲ.①金属—塑性变形—摩擦学—高等学校—教材　Ⅳ.①TG111.7

中国国家版本馆 CIP 数据核字（2024）第 048932 号

金属材料成形摩擦学

出版发行	冶金工业出版社	电　　话	(010)64027926
地　　址	北京市东城区嵩祝院北巷 39 号	邮　　编	100009
网　　址	www.mip1953.com	电子信箱	service@mip1953.com

责任编辑　杨　敏　美术编辑　吕欣童　版式设计　郑小利
责任校对　葛新霞　责任印制　窦　唯
三河市双峰印刷装订有限公司印刷
2023 年 9 月第 1 版，2023 年 9 月第 1 次印刷
787mm×1092mm　1/16；8 印张；187 千字；117 页
定价 **29.00** 元

投稿电话　(010)64027932　投稿信箱　tougao@cnmip.com.cn
营销中心电话　(010)64044283
冶金工业出版社天猫旗舰店　yjgycbs.tmall.com
（本书如有印装质量问题，本社营销中心负责退换）

前　言

　　金属材料成形摩擦学是研究金属材料在塑性成形过程中摩擦和磨损现象的学科。随着工业技术的发展和金属材料成形要求的不断提高，摩擦学在金属材料成形领域中扮演着至关重要的角色。金属材料成形，也被称为金属压力加工，是指在外力作用下，利用金属坯料的塑性特性以获得预期形状、尺寸、组织和力学性能的加工方法。在摩擦学这一重要的工程应用领域中，金属材料成形摩擦学研究的是金属坯料（工件）与模具接触界面之间发生的摩擦、磨损和润滑行为的科学和技术规律。了解和控制金属材料成形摩擦现象对于提高工艺效率、延长模具寿命、改善产品质量以及降低生产成本具有重要意义。

　　随着材料科学、表面工程和力学等学科的进步，金属材料成形摩擦学得到了越来越多的关注和研究。本书主要对金属材料成形过程中的摩擦学演变规律及深层机制进行介绍，结合实际案例分析，阐述金属材料成形摩擦学在材料加工中的重要性，使学生能够对金属材料成形摩擦学进行深入了解，掌握金属材料加工领域的基本原理和工艺技术。

　　本书由西安建筑科技大学王伟、高原、王快社主编。具体编写分工为：王伟负责第1章~第3章、第6章的编写；高原负责第4章、第5章的编写。王快社参与部分章节的编写，负责制定本书编写大纲，并对本书的编写提供系统的指导；研究生孙壮、吕凡凡、丁士杰、魏春艳、解泽磊等人参与了部分章节的编写。全书由王伟负责统稿。

　　本书在编写过程中，参考了有关文献资料，采纳了相关学科专家的宝贵建议，在此，一并表示衷心的感激。

　　由于编者水平所限，书中疏漏或不妥之处，敬请广大读者批评指正！

编　者

2023 年 3 月

目　　录

1 摩擦学概论

1.1 导　论

1.1.1 摩擦学发展历程

摩擦学是研究处在相对运动两个物体表面的摩擦、磨损与润滑的学科，摩擦学（tribology）的词根可以追溯到古希腊单词"tribos"，意思是摩擦和滑动，运动伴随着介质之间的摩擦，而我们人类无时无刻不在进行着运动，人类早在茹毛饮血的时代就学会了使用钻木取火和火石取火，这其中蕴含着摩擦生热的原理。在公元前 1066 年至公元前 256 年，就记载了周朝人民广泛使用动物油脂作为润滑剂的史实。在中国古代，很早就开始建造宫殿陵墓等高大建筑，人们充分利用冰雪覆盖地面的时间，用雪橇拖运巨石木头之类的材料，以减少摩擦阻力。也有的在雪橇或重物之下施放滚子，以滚动摩擦代替滑动摩擦。在美索不达米亚和埃及文明中，他们在摩擦学方面的创举，也是根据滚动摩擦的原理用雪橇和滚动的树干运送巨大的石块和雕像（见图 1-1）。

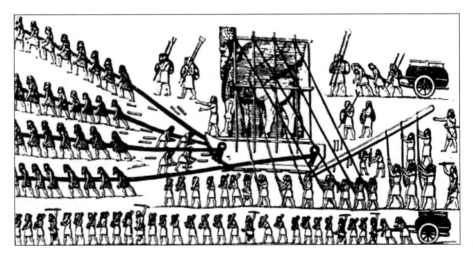

图 1-1　库扬基科壁画：公元前 700 年亚述人搬运人头牛身像[1]

对摩擦学的研究贯穿着整个人类文明。通过增大有益的摩擦，人们设计出各种花纹的防滑轮胎，高性能的刹车片；通过减少有害摩擦，增大能源利用率，使人类的生产生活更加高效。摩擦学研究最早的记录可追溯到公元前 350 年，达·芬奇（LeonardodaVinci，1452—1519 年）最先提出摩擦系数的概念，即摩擦系数是摩擦力与正压力之比。1699 年，法国物理学家阿蒙顿（Amontons）正式提出了两个经典摩擦定律：

定律一：摩擦力与载荷成正比。

定律二：摩擦力与滑动表面的表观接触面积无关。

1781 年，库仑（Coulomb）添加第三条摩擦定律：

定律三：摩擦力与滑动速度无关。

1785 年，库仑根据表面粗糙度用机械啮合概念解释干摩擦，提出了机械摩擦理论（见图 1-2）。自达·芬奇以后约两百年的时间里，人们在摩擦学领域的研究几乎没有什么重大突破，但是在 18 世纪末掀起的工业革命浪潮中，机器大范围地取代手工业，如何降低机器中的摩擦与磨损又使摩擦学这个话题重新活跃在研究者的视野中。

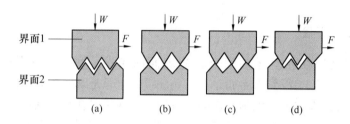

图 1-2   库仑对摩擦学的解释[2]

1939 年，克拉盖尔斯基提出了摩擦的分子机械学说，1956 年，英国剑桥大学的 Bowden 和 Tabor 提出了黏着摩擦理论。黏着磨擦理论认为真实接触面积由于微凸体的塑性变形形成黏着结点，而摩擦起源于黏着结点的剪切和塑性变形，并提出摩擦力与真实接触面积和法向载荷成正比。黏着摩擦理论公认为现代摩擦学，是继库仑理论后的一个主要突破。

1.1.2 摩擦学研究内容

人类自有生产活动之日起就有摩擦学方面的研究，但正式提出"摩擦学"这一概念的是 Jost 报告。1966 年，Jost 等人首次围绕着摩擦学这一学科的内涵与外延，对摩擦学的重要性、发展现状以及未来展望做了深刻探讨，该报告首次对摩擦学（tribology）的概念做了定义，主要内容如下：

建议用"tribology"（摩擦学）一词来说明这门学科的内容，摩擦学是研究做相对运动的相互作用表面及其有关理论和实践的一门科学技术。还可以进一步细分为摩擦物理学、摩擦冶金学、摩擦工程和摩擦组织等。摩擦学一词包括摩擦、润滑和磨损等课题，例如：做相对运动的相互作用表面的物理学、化学、力学和冶金学，这包括摩擦、磨损现象在内。流体膜润滑，例如液体静力润滑、液体动力润滑、空气静力润滑和空气动力润滑；非流体膜润滑，例如边界润滑和固体润滑；特殊条件下的润滑，例如：金属变形和切削过程中的润滑，液体、半液体、气体和固体润滑剂及组合材料的性能和工作形态；润滑剂的质量控制与检验；润滑剂的处理、配方与应用；润滑剂的管理与组织。

润滑是科学、技术和工程实践的重要组成部分。凡是两个相互作用的表面做相对运动时，润滑都起着重要的作用。任何机械设计都要考虑润滑问题，如果不进行合理的润滑设计和实践，就会发生过度磨损，甚至提前失效，还会降低设备的工作能力。

润滑教育与润滑研究能产生巨大经济影响。英国企业曾由于对摩擦学了解和应用不够而受到重大损失，这种情况的根本原因在于工业上对摩擦学这门学科缺乏了解。据估计，英国改进了摩擦学的教育和研究之后，每年大概可节约 5 亿英镑以上。

从宏观微观原理到工业应用，摩擦学的发展为人类生产生活提供了重要理论指导，为能源节约做出了不可磨灭的贡献。随着技术的进步与对量子力学理解的加深，对摩擦学的研究深入到纳米级别和原子尺度，并发展出了一些全新的学科如纳米摩擦学和界面摩擦学。

1.1.2.1　纳米摩擦学

纳米摩擦学是在纳米尺度下研究摩擦学中的磨损、润滑问题。将低维材料应用于摩擦学应用研究：

（1）零维材料（纳米微粒）：作为填料用于改善高分子复合材料和涂层的摩擦性能；作为提高油品抗磨减摩性能的添加剂。

（2）二维材料（纳米薄膜）：通过试验和应用分子动力学模拟的方法揭示了若干有序分子膜的摩擦学特性。

1.1.2.2　界面摩擦学

界面摩擦是考虑原子级别平坦的晶体表面相对滑动时的摩擦。在摩擦状态下，两表面的分子或原子直接接触。由于不存在粗糙峰的塑性变形和机械犁削作用，因此界面摩擦是研究摩擦的微观机理和分子起源的理想状态。对于界面摩擦来说，分子和原子间力的相互作用成为摩擦的主要起因。常见的界面摩擦分为黏滑和超滑，Tomlinson 在 1929 年提出了基于原子相互运动的原子运动模型（或称独立振子模型），并利用该模型首次从微观角度解释了摩擦现象和阐述了分子摩擦理论，认为界面原子的总势能在滑动时随着微观相对位置的变化而变化，当处于局部最低点时，界面原子平稳滑动，而当其处于势能局部最高点时，将出现失稳并自动跳跃到下一局部最低点，然后在此平衡位置剧烈振荡和激发声子，从而使能量不可逆地以声子的形式耗散掉，该机制称为 Tomlinson 机制。在这种机制下，界面原子将呈现周期性的变化，即出现所谓的界面摩擦黏滑运动。

当滑动表面不公度接触时，摩擦力完全消失，这种现象称为无摩擦状态，也称之为超滑，现代超滑的概念拓展为：当摩擦系数在 0.01 以下时，就进入了超滑领域。超滑作为一项颠覆性技术引起了极大的研究热潮。

在固体超滑（结构超滑）领域，1991 年日本东京大学的 Hirano[3] 预言：两个原子级光滑的表面（白云母），当上下表面的原子处于公度接触时，会有显著的摩擦力；然而，当非公度接触时，摩擦力几乎为零，并把这一新奇现象命名为结构超润滑。随后，在 2004 年，结构超滑现象首次在纳米级接触的石墨烯中被证实[4]。此研究为 2012 年在微观尺度上超滑的实现奠定了基础[5]。之后在众多的二维材料、DLC（类金刚石薄膜）、洋葱结构等材料上也实现了超滑，摩擦系数最低可以降低至 10^{-5} 量级，承压能力提高达 2GPa 以上。紧接着在 2013 年和 2015 年研究人员相继提出了异质结接触下的结构超滑和多接触结构下的结构超滑[6-7]，极大丰富了结构超滑的理论基础，增加了未来在更大尺度上实现结构超滑的可能性。结构超滑发展的时间线如图 1-3 所示，不同尺度下结构超滑在工业中的应用潜力如图 1-4 所示，横轴表示相应超滑的实现尺度，依次从 1nm 到 1m，横轴上方表示工业应用从左到右依次为基于纳米管的无摩擦旋转驱动器、硬盘驱动器中的无磨损纳米级读/写触点、长寿命抗磨损的微电子机械系统、低摩擦球轴承、高效的移动式低摩擦连接器。

在液体超滑方面，已经提出 3 种超滑实现机制，发现了 10 余种超滑体系，摩擦系数下降到 0.0001 量级，接触压力提高到了 GPa 量级。摩擦学的蓬勃发展将为人类更美好的未来打下坚实的基础。

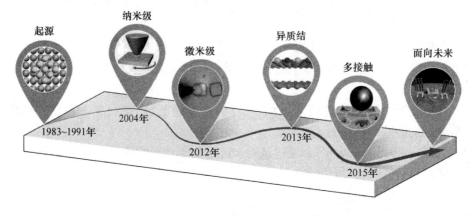

图 1-3　结构超滑研究的时间线[8]

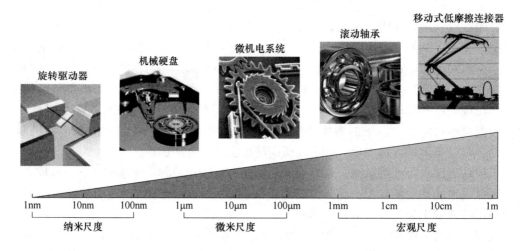

图 1-4　结构超滑在不同尺度上的工业应用[8]

1.2　摩　擦　理　论

摩擦现象伴随着人类的生产与生活，摩擦因何而起也一直是科学家们所关注的问题。早期的摩擦学认为摩擦来自正压力，与物体大小无关，两个不平表面的凹凸体相互啮合，相对运动必须把载荷从一个啮合位置升起越到另一个啮合位置，从而引起以摩擦力形式表现出来的能量损耗。摩擦起源于表面粗糙度，滑动摩擦过程中的能量损耗于粗糙峰的相互啮合/碰撞以及弹塑性变形，特别是硬粗糙峰嵌入软表面后在滑动中形成的犁沟效应。

随着人们对原子理论理解的加深，英国物理学家 Desagaliers 提出了"黏着学说"，认为产生摩擦力的真正原因在于摩擦表面存在分子（或原子）间力的作用，随后法国物理学家库仑进行了著名的摩擦学实验，确立了摩擦凹凸学说并归纳出四条经典的摩擦学定律。

定律一 摩擦力与载荷成正比。

它的数学表达式为：

$$F = fW \tag{1-1}$$

式中 F——摩擦力；

    f——摩擦因数；

    W——正压力。

式（1-1）通常称为库仑定律，可认为它是摩擦因数的定义。

定律二 摩擦因数与表观接触面积无关。

第二定律一般仅对具有屈服极限的材料（如金属）是满足的，而不适用于弹性及黏弹性材料。

定律三 静摩擦因数大于动摩擦因数。

这一定律不适用于黏弹性材料，尽管关于黏弹性材料究竟是否具有静摩擦因数还没有定论。

定律四 摩擦因数与滑动速度无关。

严格地说，第四定律不适用于任何材料，虽然对金属来说基本符合这一规律，但是对黏弹性显著的弹性体来说，摩擦因数则明显与滑动速度有关。虽然根据最近的研究发现大多数经典摩擦定律并不完全正确，但是经典摩擦定律在一定程度上反映了滑动摩擦的机理，因此在解决许多工程实际问题中依然广泛使用。

1.2.1 分子作用理论

1804 年，英国爱丁堡大学的 Lesli 对摩擦凹凸学说提出质疑，认为从能量角度看，微凸体接触时，上坡与下坡会大致平衡，因此对整个体系而言，能量基本没有变化，此质疑一直没有得到很好的回答。随后，人们用接触表面上的分子间作用力来解释滑动摩擦，由于分子间的作用可以使固体黏附在一起而产生滑动阻力，这称之为黏着效应。汤姆林森于1929 年最先提出用表面分子作用力来解释摩擦现象，他认为分子间电荷力在滑动过程中产生的能量损耗是摩擦的起因。进而推导出阿蒙顿摩擦公式中的摩擦因数值，称为分子作用理论。

设两表面接触时，一些分子产生斥力 P_i，另一些分子产生吸力 P_p。则平衡条件为：

$$W + \sum P_p = \sum P_i \tag{1-2}$$

因为 P_p 数值很小，可以略去。若接触分子数为 n、每个分子的平均斥力为 P，因而得

$$W = \sum P_i = nP \tag{1-3}$$

在滑动中接触的分子连续转换，即接触的分子分离，同时形成新的接触分子，而始终满足平衡条件。接触分子转换所引起的能量损耗应当等于摩擦力做功，故

$$fWx = kQ \tag{1-4}$$

式中 x——滑动位移；

    Q——转换分子平均损耗功；

　　k——转换分子数，且

$$k = qn \frac{x}{l} \tag{1-5}$$

式中　l——分子间的距离；

　　　q——考虑分子排列与滑动方向不平行的系数。

　　将以上各式联立可以推出摩擦因数为

$$f = \frac{qQ}{Pl} \tag{1-6}$$

　　这里应当指出，Tomlinson 明确地指出分子作用对于摩擦力的影响，但他提出的公式并不能解释摩擦现象。摩擦表面分子吸力的大小随分子间距离减小而剧增，通常分子吸力与距离的 7 次方成反比。因而接触表面分子作用力产生的滑动阻力随实际接触面积的增加而增大，而与法向载荷的大小无关。

1.2.2　黏着摩擦理论

　　20 世纪 50 年代，英国剑桥大学的 Bowden 和 Tabor 经过系统的实验研究，将黏着学说与凹凸学说相结合，提出了微凸体黏着摩擦理论。他们认为，真实接触面积由于微凸体的塑性变形形成黏着结点，而摩擦起源于黏着结点的剪切和塑性变形，并提出摩擦力与真实接触面积和法向载荷成正比。黏着摩擦理论可以归纳为几个要点：

　　（1）摩擦表面处于塑性接触的状态；

　　（2）滑动摩擦是黏着与滑动交替发生的过程；

　　（3）摩擦力是黏着效应和犁沟效应产生的总和。

　　根据分子作用理论应得出这样的结论，即表面越粗糙实际接触面积越小，摩擦因数应越小。显然，这种分析除重载荷条件外是不符合实际情况的。

　　近现代，随着纳米技术的发展和对量子力学理解的加深，人们发现在原子级别平坦的晶体界面摩擦实验中，摩擦并未完全消失，甚至有时摩擦系数还较大。这说明除了塑性变形、粗糙峰啮合和黏着等宏观的摩擦机理外，还存在着更为基本能量耗散过程而导致了摩擦的产生，因此必须从更为微观的角度阐释摩擦产生的机理。摩擦过程是非线性且远离平衡态的热力学过程。本质上看，摩擦是在外力的作用下，发生相对运动或者有相对运动趋势的物体，受到与其相接触的物质或者介质的阻力作用在其界面上产生的能量转化现象。当两个表面做相对运动时，引起物体运动状态转变的力做功，因此在接触表面上有能量损耗，摩擦所做的功有 85% ~ 95% 转化为热能，另外部分转化为表面能、声能、光能、电能等（见图 1-5）。

　　从力的角度探讨摩擦时，其中涉及的一些关键参数与表面、界面的基本物理量之间的关系仍然不明确，近年来人们大量地探讨从微观角度、从能量耗散的角度建立摩擦模型。

1.2.3　摩擦过程中的能量耗散

　　摩擦能量耗散是指由于摩擦导致的材料晶格畸变、塑性变形和破坏、发热、声电光发射等伴随的能量耗散。摩擦能量耗散反映了机械动能的转化和损耗。据统计，全世界大约有 1/3 的能源以各种形式消耗在摩擦上，而 80% 的机械零部件损坏是由于各种形式的磨

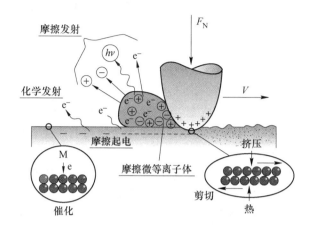

图 1-5 摩擦过程中的能量耗散[4]

损引起的。发达国家每年因摩擦、磨损造成的损失约占其 GDP 的 2%～7%。揭示摩擦能量耗散的内涵和起源对于节约能源和资源至关重要。摩擦过程中伴随的能量耗散主要有以下几方面。

1.2.3.1 材料晶格畸变、塑性变形和破坏

摩擦过程会导致材料表面晶格畸变、结构相变等，甚至产生材料的塑性变形和破坏，由此带来显著的摩擦能量耗散，摩擦过程中所做的功大部分以摩擦热的形式散失，少量以势能形式存储在摩擦材料中。当一定体积的材料积累的能量达到临界数值时，便会产生磨损破坏。

（1）黏弹性弛豫。黏弹性是指材料在受到应力作用时展现出弹性和黏性的特征。在摩擦副接触时，接触峰相互之间发生剪切，初始由于接触峰具有弹性特征，能量储存在接触峰的变形中，但随着时间推移，接触峰的黏性使得应力逐渐减小，因此经过弛豫，发生能量耗散。微观原因是在剪切力作用下，接触峰内部分子断键或重排，接触峰的弹性能用于断键的能量消耗，导致能量耗散。

（2）黏性耗散。具有黏性的实际流体，流体与壁面之间，及流体内部会产生摩擦阻力或者内摩擦，从而导致能量耗散。特别是在高速流动中，这种机械能损失，会导致大量热量产生。

1.2.3.2 微观摩擦能量耗散

随着实验和模拟技术的发展（包括原子力显微镜、表面力仪和石英晶体微天平等仪器，以及分子动力学模拟等数值仿真方法），从微观上进行摩擦能量耗散机理的研究表明，即使把负荷引起的塑性变形、黏着和粗糙度的影响抑制到最低限度，实现原子级光滑表面的分子接触时，即达到所谓的"界面摩擦"状态时，同样会导致摩擦能量耗散。

在无磨损界面摩擦微观能量耗散机理的研究中，认为摩擦中主要有两种能量耗散过程，即声子发生和电子激励。声子与原子振动相关联，这种振动受到界面滑动机械激励，其能量最终以声波或热的形式耗散。电子激励摩擦是由金属界面上导电电子受滑动诱导的激发或者绝缘界面上的静电荷积累产生。

（1）声子耗散。摩擦过程会激发原子振动，产生声子。在摩擦过程中内部耗散和界

面耗散使得声子由一种模态向其他模态转变，声子模态从离散的逐渐变为连续的，从而导致能量耗散。某些情况下，电子会促进声子的衰减，这种电子-声子耦合作用会导致能量快速耗散。

（2）电子耗散。电子耗散主要有3种：

1）电子-空穴对：主要发生在导体或金属材料之间的摩擦过程中，摩擦带来原子振动，继而带动电子，激发出电子-空穴对，进一步转变成欧姆热，产生能量耗散。这种机制带来很多现象，例如薄膜电阻率的增加、红外反吸收峰的产生、振动峰的拓宽、表面原子的滑移等。

2）镜像电荷效应和电场涨落：镜像电荷效应和电场涨落引起长程范德华力和卡西米尔力，其激发的电子耗散会造成非接触条件下的摩擦力。

3）电子发射：由热、光照或化学作用等产生的能量导致电子非平衡态，其弛豫产生能量，储存在缺陷中，进而在某种条件下能量被释放，造成周围部分电子从晶体发射出去，能量由此耗散。

1.2.3.3　其他耗散方式

主要有两种：

（1）电子-声子耦合作用：某些情况下，电子促进声子的衰减，这种耦合作用导致能量快速耗散。

（2）摩擦发光：摩擦过程中化学键断裂或压电区域充放电，产生光子，携带能量逃逸，造成能量耗散。

1.2.4　基于能量耗散角度的摩擦理论

1.2.4.1　鹅卵石模型

黏着摩擦理论和机械-分子作用理论都是从力的角度探讨摩擦，其中涉及的一些关键参数与表面、界面的基本物理量之间的联系并不明确。最近十几年来，人们从微观上探讨以能量耗散建立摩擦模型，这里介绍 Israelachvili 提出的"鹅卵石"模型。

鹅卵石模型中将外载荷 W 对摩擦的贡献与分子对摩擦的贡献分开，摩擦力 F 按下式叠加：

$$F = SA + fW \tag{1-7}$$

式（1-7）中，右端第一项表示分子间作用力对摩擦的贡献，S 为临界切应力，A 为接触面积；第二项就是库仑定律，但 W 只是外载荷，认为是一常数。物体表面被视为原子级光滑，相对滑动过程被抽象为球形分子在规则排列的原子阵表面上的移动。

初始时，假设球形分子处在势能最小处并保持稳定。当球形分子在水平方向向前移动 Δd 时，必须在垂直方向往上移动 ΔD。外界通过摩擦力在这一过程所做的功为 $F\Delta d$，它等于两表面分开 ΔD 时表面能的变化 ΔE，ΔE 可以用下式估算：

$$\Delta E \approx 4\gamma A \frac{\Delta D}{D_0} \tag{1-8}$$

式中　γ——表面能；

D_0——平衡时界面间距。

在滑动过程中，并非所有的能量都被耗散或为晶格振动所吸收，部分能量会在分子的冲击碰撞中反射回来。设耗散的能量为 $\varepsilon\Delta E$，其中 ε 为一常数，$0<\varepsilon<1$。根据能量守恒定律，有

$$F\Delta d = \varepsilon\Delta E \tag{1-9}$$

因此，临界切应力 S_c，可写为

$$S_c = \frac{F}{A} = \frac{4\gamma\varepsilon\Delta D}{D_0\Delta d} \tag{1-10}$$

Israelachvili 进一步假设摩擦能量的耗散与黏着能量的耗散（即两表面趋近→接触→分离过程中的能量耗散）机理相同，且大小相等。这样，当两表面相互滑动一个特征分子长度 σ 时，摩擦力和临界切应力就可以分别写为

$$F = \frac{A\Delta\gamma}{\sigma} = \frac{\pi r^2}{\sigma}(\gamma_R - \gamma_A) \tag{1-11}$$

$$S'_c = \frac{F}{A} = \frac{\gamma_R - \gamma_A}{\sigma} \tag{1-12}$$

式中，$\gamma_R - \gamma_A$ 为单位面积的黏着滞后。

这个模型表明摩擦力和临界切应力都与黏着滞后成正比，而与黏着力的大小无关，这一结果得到部分试验的证实。

1.2.4.2 振子模型

振子模型分为独立振子模型[9]和复合振子模型，独立振子模型如图 1-6 所示。独立振子（independent oscillator，IO）模型由 Tomlinson（1929 年）提出，他首次用该模型

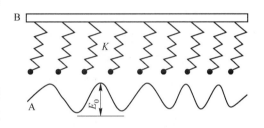

图 1-6 独立振子模型

从微观角度解释摩擦现象和阐述分子摩擦理论。20 世纪 80 年代以后，随着人们对微观摩擦认识的深入，IO 模型被用来进行模拟计算和解释实验结果。

独立振子模型中，其中 E_0 为周期势场的强度，K 为弹簧刚度。固体 A 被简化为一单排刚性排列的原子，B 的表面原子之间没有相互作用，但它们受到 A 表面原子势能的作用并且通过弹簧连接到代表固体 B 其余部分的刚性支承上，这些弹簧通过向支承传递能量从而使摩擦能量耗散。

B 表面原子没有相互作用，仅研究某个原子 B_0 的运动，B 的运动取决于周期势场的综合势 V_s，滑动开始时，B_0 的位置对应于势能的最小值，如果 A 准静态滑动（即滑动速度远小于固体变形弛豫的速度），V_s 变化足够慢，B_0 保持在 V_s 的最小值位置。当周期势场幅值较大时（见图 1-7），B_0 突然跳到势能底部，激发振动，能量不可逆地在固体中以声子的形式耗散掉，周期势场"拉扯"键势，由平动转化储存在 B 中的变形能变成振动能量（热），而周期势场幅值较小时，由于 V_s 无局部极小值，B_0 绝热且无摩擦地滑动[10]。

IO 模型在微观摩擦研究中应用非常多，如根据 IO 模型研究了不同材料参数对原子尺度黏滑现象的影响，发现基体材料的法向弹性常数对摩擦能量耗散有重要影响。根据 IO 模型，模拟原子力显微镜探针对石墨试样的扫描试验，利用 IO 模型和热激发效应进行计算和分析，得到摩擦力随滑动速度改变，它们之间存在对数关系的结论，成功地解释了原

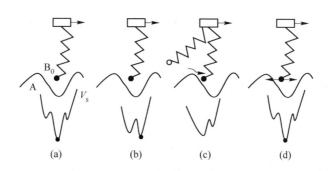

图 1-7　独立振子微观能量损耗机理

（a）滑动开始；（b）准静态滑动；（c）突然跳动；（d）平动振动

子力显微镜扫描试验的结果。研究了原子力显微镜探针与试样接触对微观摩擦的热激发和黏滑现象动态特性的影响，并建立了黏滑与接触界面原子结构的关系。

在独立振子模型的基础上提出无磨损光滑界面摩擦的复合振子模型，复合振子模型认为，在摩擦副相对运动过程中，在低速运动表面的振子将高速运动表面能量吸收，而无法返还给高速表面，从而造成了摩擦过程的能量损失。

与独立振子模型比较，复合振子模型与独立振子模型最大的区别在于：下摩擦界面不再简单地采用周期势场来假设，而采用与上界面相同的振子系统来表示，周期势场在这里近似地以界面接触刚度来表示。在独立振子模型中，摩擦体系的上下界面之间是不存在能量的转移的；而在复合振子模型中，外力做功的部分能量将会通过上摩擦界面传递给下界面，这与实际摩擦系统是相符的。

1.2.4.3　声子摩擦

声子摩擦的概念最早由 Tomlinson（1929 年）提出。20 世纪 80 年代，IBM 公司 Almaden 研究中心的 Gary McClelland 和美国东北大学的 Jeffrey Sokoloff 分别重新提出声子摩擦的观点。1991 年，Tabor 在 NATO 资助的摩擦基础理论研究会议中，提出无磨损摩擦的能量以原子振动的形式耗散[3]。

在无磨损界面摩擦微观能量耗散机理的研究中，目前主要有两种模型：声子摩擦模型（schematic of phonon friction）和电子摩擦模型。声子摩擦发生在邻近表面的原子发生相对滑动的时候，与原子振动有关，这种振动受到界面滑动机械激励，其能量最终以热能的形式耗散。电子摩擦是由于金属界面上的电子受滑动诱导的激励而产生的。

电子摩擦模型涉及量子理论，目前这方面的研究还较少，对其机制的认识尚不清楚。Krim 利用石英晶体微天平（QCM）从实验上证实了声子的存在。QCM 很早就被用于测量极轻微的质量和精确的时间，1985 年前后，Krim 和 Widom 等人将其改造成用于测量金属表面的吸附膜的滑动摩擦。通过 QCM，可以测量到寿命不超过几十分之一纳秒的声子的存在。

声子摩擦最大的特征是对滑动接触时两表面的公度性（commensurate）极为敏感。理论上，两表面的接触状态由公度转化为不公度，会大幅减小滑动摩擦力。声子摩擦的另一个特征是对于每一对弹性接触的洁净表面，静摩擦力将不存在，即克服摩擦所需要的力只与滑动速度与摩擦因数的乘积成正比。然而，在宏观物体中，静摩擦现象是普遍存在的，驱使静止物体开始做相对运动所需的静摩擦力比保持物体运动所需的滑动摩擦力要大，静摩擦力的大小取决于诸如两表面的接触时间等，因而是变化的。

到目前为止，声子摩擦和电子摩擦能量耗散机制对不同尺寸和时间尺度的摩擦系统的适用范围和影响程度仍未弄清楚。另外，除了这两种微观摩擦能量耗散机制，是否还有别的摩擦能量耗散机制也有待进一步研究。

1.3 摩擦界面

摩擦是在发生相对运动或者有相对运动趋势的两个物体表面发生的现象，摩擦学属于表面科学的范畴，想要深入理解摩擦学，必须深入理解界面科学。摩擦界面根据物质状态的不同可以分为固-固界面、固-液界面和固-气界面。想要探讨界面之间的摩擦学现象首先要了解物质的表面特性。物质的固-液界面的特性直接影响界面的功能。它不仅与固液物质的性质有关，也与固液结构、组成、形态和所受作用状态有关。另外需要指出，在考虑固-液性质时，气体的作用是不可忽略的，因此本章在没有特别指明的情况下，所讨论的固-液界面性质均是指在大气压情况下的结果。这里主要介绍固体和液体的表面性质及其界面接触时的特性。

1.3.1 固体及其表面性质

1.3.1.1 固体表面的不均匀性

固体表面上的原子（离子）受力是不对称的。由于固体表面原子不能够自由流动，由此使研究固体表面比液体更为困难。关于固体表面的不均一性主要表现在以下几方面：

（1）从微-纳米或原子的尺度上来看，实际固体表面是凹凸不平的；

（2）绝大多数晶体是各向异性的，因此固体表面在不同方位上也是各向异性的；

（3）同种固体的表面性质会发生与制备或加工过程密切相关的变化；

（4）晶体中晶格缺陷如空位或位错等会在表面存在并引起表面性质的变化；

（5）固体暴露在空气中，表面被外来物质污染，被吸附的外来原子可占据不同的表面位置，形成有序或无序排列。

1.3.1.2 固体表面力场

晶体中每个质点周围都存在一个力场。在晶体内部，这个力场可以认为是有心的、对称的；但在固体表面，质点排列的周期性被中断，使处于表面上的质点力场对称性破坏，产生有指向的剩余力场，这种剩余力场表现出固体表面对其他物质有吸引作用（如吸附、润湿等），这种作用力称为固体表面力。固体表面力主要可分为化学力和范德华力（分子引力）。

（1）化学力。化学力的本质是静电力。主要来自表面质点的不饱和键，当固体表面质点和被吸附物间发生电子转移时，就产生化学力。它可用表面能的数值来估计，表面能与晶格能成正比，而与吸附物体积成反比。

（2）范德华力。范德华力又称分子引力，主要来源于3种力：

1）定向作用力（静电力）。静电力主要发生在极性物质之间，相邻两个极化电矩因极性不同而发生作用的力。

2）诱导作用力。诱导作用力发生在极性物质与非极性物质之间。诱导是指在极性物质作用下，非极性物质被极化诱导出暂态的极化矩，随后与极性物质产生定向作用。

3）分散作用力（色散力）。色散力主要发生在非极性物质之间。非极性物质是指其核外电子云呈球形对称而不显示永久的偶极矩。但就电子在绕核运动的某一瞬间，在空间各个位置上，电子分布并非严格对称，这样就将呈现出瞬间的极化电矩。许多瞬间极化电矩之间以及它对相邻物质的诱导作用都会引起相互作用效应，这称为色散力。

在固体表面上，化学力和范德华力可以同时存在，但两者在表面力中所占比重将随具体情况而定。

1.3.1.3　表面能和表面张力

固体表面能是指通过向表面增加附加原子，从而在新表面形成时所做的功。表面张力是沿表面作用在单位长度上的力。由于一般表面张力的大小与表面能相等，所以人们常将两者视为一种性质。但是固体是一种刚性物质，表面上的质点没有流动性，能够承受剪应力的作用。因此固体增加单位表面积所需的可逆功（表面能）一般不等于表面张力，其差值与过程的弹性应变有关。也可以说，固体的弹性变形行为改变了增加面积的做功过程，不再使固体的表面能与表面张力在数值上相等。表面张力不等于表面能，且前者大于后者，表面张力可分为表面能及塑性变形两部分。但是，如果固体在较高的温度下能表现出足够的质点可移动性，则仍可近似认为表面能与表面张力在数值上相等。固体表面能与温度 T 和介质的关系是：T 上升，表面能 V_0 上升；介质不同，表面能数值不同。杂质的存在可以对物质的表面能产生显著的影响。如果某物质中含有少量表面张力较小的组分，则这些组分便会在表面上富集，即使它们的含量很少，也可以使该物质的表面张力极大降低；相反，若含有少量表面张力较大的组分，则这些组分倾向于在体积内部富集，而对该物质的表面张力影响不大。对物质表面张力能产生强烈影响的组分常称为表面活化剂。例如，在铁的熔融液中，只要含有 0.05% 的氧和硫，就可以使其表面张力由 $1.8J/m^2$ 下降为 $1.2J/m^2$。对于许多固体金属、氮化物和碳化物的表面，氧能产生类似的影响。

对于一般的表面系统，如果没有外力的作用，其系统总表面能将自发趋向于最低化。由于表面张力或表面能反映的是物质质点间的吸引力作用，因此随温度的升高，表面能一般为减小。这是因为热运动削弱了质点间的吸引力。

1.3.2　液体及其表面性质

1.3.2.1　液体表面分子的受力

在本体内的分子所受的力是对称的，但是构成液体的分子在表面上所受的力与体内的不相同，由于没有外流体分子，表面分子的受力不再对称。因为受体内分子吸引试图将表面分子拉入本体内，从而使表面积尽量缩小。热力学的说法是要将体系的表面能降至最小，这个力称为表面张力，或单位积上的自由能，它对液体表面的物理化学现象起着至关重要的作用。

1.3.2.2　表面能

表面层分子相对体相分子是受力不均的，体相分子对表面层分子的引力有使表面缩小的趋势，因此若使物系的表面积增加（即表层分子增多），外界需要做功（表面能）。设 γ 为增加的单位表面积外界所做的表面功，则有

$$-W' = \gamma A \qquad\qquad (1\text{-}13)$$

即表面功随面积的增量为

$$-\delta W' = \gamma dA \tag{1-14}$$

式中　　W'——外界（环境）为扩大物体面积 A 所做的功；

　　　　γ——增加液体单位表面积所需的伸展功，与体系的温度、压力、组成等有关。

按热力学理论，增加的表面积物系自由焓的改变量为

$$dG = -SdT + Vdp + \sum_{i=1}^{n} \mu_i dn_i - \delta W' \tag{1-15}$$

式中　　S——熵；

　　　　T——温度；

　　　　V——体积；

　　　　p——压力；

　　　　μ_i——i 物质的自由焓系数；

　　　　n_i——i 物质的物质的量。

当恒温、恒压及物质组成不变时，式（1-15）只有最后一项，则

$$dG = -\delta W' \tag{1-16}$$

代入式（1-14）有

$$dG = \gamma dA \tag{1-17}$$

即表面能为

$$\gamma = \left(\frac{\partial G}{\partial A}\right)_{T,p,n_i} \tag{1-18}$$

可见，表面能 γ 为增加单位表面积物系所增加的自由焓，因此又称为比表面自由焓。当 $dG < 0$ 时，$dA < 0$，表明两相界面自动缩小。液体将其表面积最小化（球形原因）。

1.3.2.3　表面张力

表面张力的效应亦称为表面能量，是吸引力倾向将液体表面分子拉向内部，此力与表面底部被压缩分子的排斥力相平衡，压缩效应的结果造成液体将其表面积最小化（球形原因）。影响表面张力的因素有：

（1）分子间的作用力。分子间的作用力（吸引力）增大，表面张力就增大。即金属键 > 离子键 > 极性键 > 非极性键。

（2）温度。一般情况下温度升高，表面张力降低。临界温度时，气、液相无区别，界面消失，表面张力趋近于零。

（3）接触的另一相物质。

1.3.3　固-固界面

固-固界面是指结构或组分不同的两个固相接触时的界面。当结构、组分不同的两个固相相互接触形成界面时，单位面积的自由能在扩大的界面区域的变化称为界面能。

当两个摩擦表面相互接触（固-固）时，由于表面粗糙度的存在，实际接触只发生占表观面积的极小部分上。实际接触面积的大小和分布对于摩擦磨损起着决定性的影响。固体材料受载后，不是发生弹性变形，就是发生塑性变形。弹性变形的特点是应力与应变的关系是确定的，因而变形是可逆的；而塑性变形时，应力与应变关系比较复杂，卸载后仍

存在一定残余变形。实际上，接触状态大多是处于弹塑性变形的混合状态，有时表现为先弹性后塑性；有时则表现为这一部分虽处于弹性变形状态，另一部分却已达到塑性变形状态了。硬度相近的固体相互接触，与硬度差别很大的固体相互接触的情况是完全不同的。金属与金属的接触属于前一类，金属与塑料的接触属于后一类。塑料的硬度与金属相比，低几十倍，当它们的表面相互接触时，变形基本上只在塑料表面上发生。

描述固-固界面接触时的理论主要为黏附理论，适用于球-平面接触模型。在不考虑表面力作用，且固-固接触时，如果满足以下条件：（1）接触体均质、各向同性；（2）接触体表面（接触面）光滑、连续；（3）接触面轮廓可以用二阶曲面描述；（4）满足小应变线弹性条件，且一般为半空间接触问题；（5）接触面无摩擦；（6）仅仅考虑接触力，不考虑接触面黏力。那么，球-平面接触的接触面积与外加载荷 P 等根据赫兹（Hertz）接触理论，存在如下关系：

$$P = \frac{4}{3}\frac{Ea^3}{R} \tag{1-19}$$

式中　E——复合弹性模量；

　　　R——等效接触半径，$R = \dfrac{R_1 R_2}{R_1 + R_2}$；

　　　a——接触区半径。

考虑到表面力的作用，Bradley 等在 1932 年给出了两个刚性球（半径分别为 R_1 和 R_2）接触的黏着力 F 的计算公式为

$$F = 2\pi \frac{R_1 R_2}{R_1 + R_2} W_{132} \tag{1-20}$$

式中　W_{132}——两表面间的黏着功，$W_{132} = W_{11} + W_{22} - W_{12}$。

但实际物体往往不是完全刚性的，相互接触时表面力会使物体发生弹性变形。Johnson、Kendall 和 Roberts 于 1971 年对弹性球体的接触给出了严格的理论分析，即经典的 JKR 黏着理论。在 JKR 理论中，两个半径为 R_1 和 R_2，弹性模量为 E，单位面积界面能为 W_{12} 的球体，在外部载荷 P 或力 F 作用下，挤压接触半径 a 可被描述为

$$a^3 = \frac{R}{E}\left[F + 3\pi R W_{12} + \sqrt{6\pi R W_{12} F + (3\pi R W_{12})^2} \right] \tag{1-21}$$

根据上式，在零载荷下（$F = 0$），表面力作用产生的接触半径为

$$a_0 = (6\pi R^2 W_{12}/E)^{1/3} = (12\pi R^2 \gamma_{sv}/E)^{1/3} \tag{1-22}$$

在很小负载荷下（$F < 0$），固体保持球形直到在临界负作用力下表面突然分离，分离力为

$$F = -3\pi R \gamma_{sv} \tag{1-23}$$

分离发生的接触半径为

$$a = (3\pi R^2 \gamma_{sv}/E)^{1/3} \tag{1-24}$$

除了对接触边界最后几个纳米的描述不太适用，JKR 理论（见图 1-8）的大部分方程和赫兹理论的全部方程已经在分子级光滑表面实验中验证过，与实验结果吻合得很好。

Derjaguin，Muller 和 Toprov 等人在 1975 年给出的考虑表面力的接触公式为

$$a^3 E/R = P + 2\pi R W_{12} \tag{1-25}$$

式中 a——接触半径；

      E——等效弹性模量；

      P——外加法向载荷，该模型给出的分离力为 $-2\pi RW_{12}$。

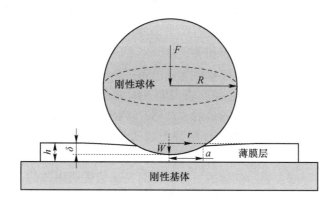

图 1-8   JKR 理论[11]

后来，Maguis 利用断裂力学的 Dugdale 理论，得出了 DMT 理论和 JKR 理论之间过渡区域的黏着接触理论解析，称为 MD 理论。后来人们还发展出了 MYD 模型。JKR、MD、DMT、MYD 和赫兹理论的一个主要应用局限在于它们假设物体表面完全光滑，而实际物体大多数表面粗糙，从微米到纳米量级的粗糙峰会极大降低其黏着效应。

各种接触理论对表面间作用力的假设如图 1-9 所示，赫兹理论不考虑物体接触过程中的黏着；JKR 理论考虑黏着，但是只考虑了接触区域内很小距离的表面间近程作用引起的黏着，或者认为是接触过程中接触区域表面能变化引起的黏着；DMT 模型考虑了接触区域外的长程表面力作用；MD 模型是基于 Dugdale 矩形势垒来描述接触区外表面力作用的；MYD 模型考虑了接触区内外的表面间作用势。

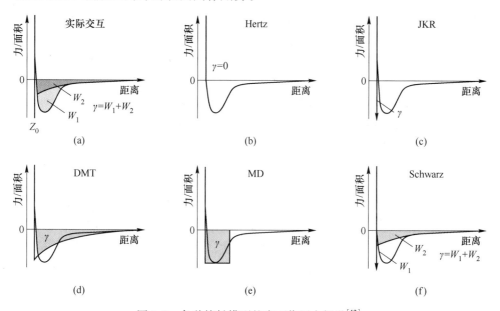

图 1-9   各种接触模型的表面作用力假设[12]

1.3.4　固-液界面

液体的湿润性通常是指它在固体表面的铺展或聚集的能力。液体表面倾向于收缩，这表现在当外力的影响很小时，小液滴趋于球形，如常见的水银珠和荷叶上的水珠。一般认为边界润滑膜的机理与润滑剂的润湿性有关。另外，存在润滑油的两固体表面间的黏着等现象也与润滑油的表面张力大小密切相关。

液体的表面张力是指液体在气体接触界面处形成的表面所产生的表面张力，记作 γ_L。由于固体在与气体接触的界面上也会形成表面，因此也会产生固体表面张力，记作 γ_S。同样，固体和液体接触的界面处所形成的表面将产生固-液界面的表面张力，记作 γ_{SL}。

从上述可知，严格地讲，液体的表面张力应为液-气界面的表面张力，因此应记作 γ_{LG}。同理，固体表面张力应为固-气界面的表面张力，记作 γ_{SG}。在不混淆概念的情况下，为了简单起见，这里将略去表示气体的下标 G，而只保留表示固体的下标 S 和表示液体的下标 L。

液体表面自动收缩的现象也可以从能量的角度来分析。在通常情况下，润湿性是通过测量液体在表面上的接触角实现的。接触角 θ 定义为固、液、气三相的交界点上固-液界面与液-气界面切线之间的夹角。接触角与表面张力之间的关系为

$$\gamma_S = \gamma_{LS} + \gamma_L \cos\theta \tag{1-26}$$

当微量的液体与固体表面接触时，液体可能完全取代原来覆盖在固体表面的气体而铺展开，这种情况称为润湿（wetting）；也可能形成一个球形的液滴，与固体只发生点接触而完全不润湿；有时是处于这两种极端状态之间的中间状态。润湿对人类生活和生产（洗涤、印染、焊接、机械润滑、注水采油等）起着十分重要的作用。表面接触角 θ 大，则表示该表面是疏润性的，而接触角 θ 小则为亲润性的，它的黏附能大于液体的内聚能。表面接触角的大小是由固体和液体的表面张力或表面自由能决定的。接触角 θ 的大小介于完全润湿的 0° 和完全不润湿的 180° 之间。接触角越小，表明液体对固体的润湿程度越高。$\theta = 0°$ 称为铺展，接触角不存在称为完全润湿。$\theta \geqslant 90°$ 称为不润湿，$\theta = 180°$ 称为完全不润湿。

接触角 θ 可以用投影法等方法测得，液体的表面张力 γ_{GL} 可以用表面张力仪测出，从而可以求得润湿能 $\gamma_S - \gamma_{LS}$（一般 γ_S 和 γ_{SL} 难以由试验测定）。另外，接触角 θ 还与固体表面的粗糙度以及温度等因素有关。因此，利用式（1-26）可得：

（1）若 $\gamma_S > \gamma_{LS}$，则 $\cos\theta > 0$，$\theta < 90°$，液体能润湿固体；

（3）若 $\gamma_S - \gamma_{LS} \geqslant \gamma_L$，$\theta$ 不存在或等于 0°，完全润湿；

（4）若 $\gamma_S - \gamma_{LS} = -\gamma_L$，$\theta = 180°$，完全不润湿。

在不同的润滑状态下，表面湿润性对摩擦系数的影响不同，有的学者认为湿润性主要通过影响表面能影响摩擦润滑性能，表面能越大，更多的润滑流体分子被色散吸附到表面，在力场的作用下形成有序膜，从而增加润滑膜厚度。有的学者通过将本征疏水的 PDMS 膜作为接触面来研究湿润表面的摩擦学特性，试验结果表明：在流体动压润滑状态下表面润湿性对摩擦系数没有影响，但是在边界润滑状态下疏水性使摩擦系数显著增大。

1.3.4.1　固-液界面膜

由于固体表面具有一定的表面张力，且在加工成形过程中形成的许多晶格缺陷使表面

的原子处于不饱和或不稳定状态，润滑油的极性基团等都容易产生吸附，而使表面形成各种膜[1-2]。表面吸附效应对于边界润滑和干摩擦状态都是十分重要的。根据膜的结构性质不同，表面膜可以分为吸附膜和反应膜两种。吸附膜又有物理吸附膜和化学吸附膜之分；反应膜又有化学反应膜及氧化膜之分。有关物理吸附和化学吸附的性质列于表1-1。

表 1-1 物理吸附和化学吸附的性质

类　别	吸附力	吸附层数	吸附热	选择性	可逆性	吸附平衡
物理吸附	范德华力	单层、多层	小（液化热）	无或很小	可逆	容易达到
化学吸附	化学键力	单层	大（反应热）	较强	不可逆	不容易达到

固-液边界膜的结合强度可以用黏附功来表示，它是指单位面积的液-固相界面拉开，生成单位面积的气-液表面和单位面积的气-固表面时所需的功，常用 W_α 表示。黏附功与表面张力间的关系为

$$W_\alpha = \gamma_L + \gamma_S - \gamma_{SL} \tag{1-27}$$

式中　γ_L，γ_S——液体和固体的表面张力；

　　　　γ_{SL}——液相和固相间的界面张力。

黏附功可用来衡量液体对固体的吸引力，或是将界面可逆地分离开所需的能量。由式（1-27）可知，要使黏附功 W_α 增大，就要降低界面张力 γ_{SL}。当两相物质相同时，界面消失。

对于不含极性分子的凡士林油，直到距离固体壁面为 1nm 处，液面保持为一条共同的直线，这说明非极性油的黏度各处相同；而对于极性的戊基皮脂酸，在距离壁面 10nm 处液面出现转折，即距离壁面一定厚度处的黏度值发生突变，因而其他性质也相应改变。这说明，在边界层分子的定向排列结构，其性质与液体状态相关。在吸附膜中的极性分子相互平行并都垂直于摩擦表面。这种排列方式可以满足被吸附的分子数目达到最多。滑动时，在摩擦力的作用下，被吸附的分子将倾斜和弯曲，构成分子刷以减少阻力，因而吸附膜之间的摩擦系数较低，并可以有效地防止两摩擦表面的直接接触，如图 1-10 所示。

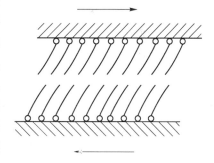

图 1-10　吸附膜的滑动

在一般情况下，边界润滑的摩擦系数随极性分子链长的增加而降低，并趋于一个稳定的数值。极性分子的链长决定于分子中的碳原子数，因此随着极性分子中的碳原子数增加，摩擦系数降低。同时边界润滑的效果与润滑油量密切相关。由于吸附分子覆盖固体表面将使表面的自由能减少，当润滑油量很少时，首先在整个表面上形成单分子吸附层，使表面自由能达到最低。随着油量的增加，吸附膜厚度均匀增加。此后自由能的降低将依赖于吸附膜表面积的减少，所以随着油量的继续增加，当油量充足时，润滑油将充满粗糙峰谷。

1.3.4.2　边界处双电层

固体和液体接触时，固体表面普遍存在荷电现象，它导致了固-液界面的液体一侧带着相反电荷。固体表面在溶液中荷电后，静电引力会吸引该溶液中带相反电荷的离子。它

向固体表面靠拢而聚集在距离两相界面一定距离的液体一侧界面区内，以补偿其电荷平衡，于是构成了液体边界上的双电层。

图 1-11(c)所示为典型的 Stern 双电层模型结构。它由两层带电流体组成，因此称为双电层。其中，紧靠固体表面的液体部分是强烈吸附于固体表面的离子层，该层不具有流动性，称为紧密层。该层一直延续到滑移面为止。滑移面以远的区域中，流体离子受静电作用力的影响较小，具有一定的流动性，称作双电层扩散层，其厚度被认为是致密层厚度的 3～5 倍。滑移面上的电动势称为 ζ 电势。

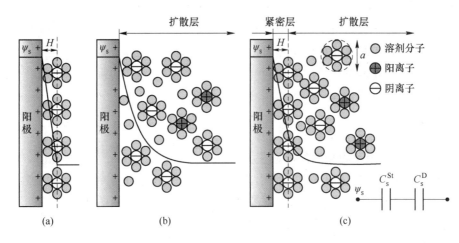

图 1-11　三种双电层模型[13]

(a) 亥姆霍兹模型；(b) G-C 模型；(c) G-C-S 模型

1.4　磨　　损

磨损是伴随摩擦而产生的必然结果，它是相互接触的物体在相对运动时，表层材料不断发生损耗的过程，或者产生塑性变形的现象。因此，磨损不仅是材料消耗的主要原因，也是影响机器使用寿命的重要因素。材料的损耗，最终反映到能源的消耗上，减少磨损是节约能源不可忽视的重要环节。在现代工业自动化、连续化的生产中，某一零件的磨损失效，就会影响整个生产过程。故对磨损进行研究，掌握其机理，控制因磨损而造成的生产损失，具有较大的经济意义。

由于科学技术的迅速发展，20 世纪 30 年代以后，磨损问题已成为保证机械装备正常工作的薄弱环节。特别是在高速、重载、精密和特殊工况下工作的机械，对磨损研究提出了迫切的要求。同时，20 世纪 60 年代以来其他学科，例如材料科学、表面物理与化学、表面测试技术等的发展，也促进了对磨损机理进行更深入的研究。

研究磨损的目的在于通过对各种磨损现象的考查和特征分析，找出它们的变化规律和影响因素，从而寻求控制磨损和提高耐磨性的措施。一般来说，磨损研究的主要内容有：

(1) 主要磨损类型的发生条件、特征和变化规律；

(2) 影响磨损的因素，包括摩擦副材料、表面形态、润滑状况、环境条件以及滑动速度、载荷、工作温度等工况参数；

（3）磨损的物理模型与磨损计算；

（4）提高耐磨性的措施；

（5）磨损研究的测试技术与试验分析方法。

1.4.1 磨损的分类与过程

1.4.1.1 磨损的分类

早期人们根据摩擦表面的作用将磨损分为以下三大类：

（1）机械类：由摩擦过程中表面的机械作用产生的磨损，包括磨粒磨损、表面塑性变形、脆性剥落等。其中磨粒磨损是最普遍的机械磨损形式。

（2）分子-机械类：由于分子力作用形成表面黏着结点，再经机械作用使黏着结点剪切所产生的磨损，即黏着磨损。

（3）腐蚀-机械类：这类磨损是由介质的化学作用引起的表面腐蚀，而摩擦加速了腐蚀过程。它包括氧化磨损和化学腐蚀磨损。

这种分类方法虽然在一定程度上阐明了各类磨损产生的原因，但是却过于笼统，不同的摩擦副材料、不同的工况都会导致磨损行为的差异，不能一概而论。

1.4.1.2 磨损的过程

（1）跑合磨损阶段：新的摩擦副在运行初期，由于对偶表面的表面粗糙度值较大，实际接触面积较小，接触点数少而多数接触点的面积又较大，接触点黏着严重，因此磨损率较大。但随着跑合的进行，表面微峰峰顶逐渐磨去，表面粗糙度值降低，实际接触面积增大，接触点数增多，磨损率降低，为稳定磨损阶段创造了条件。

（2）稳定磨损阶段：这一阶段磨损缓慢且稳定，磨损率保持基本不变，属正常工作阶段。

（3）剧烈磨损阶段：经过长时间的稳定磨损后，由于摩擦副对偶表面间的间隙和表面形貌的改变以及表层的疲劳，其磨损率急剧增大，使机械效率下降、精度丧失、产生异常振动和噪声、摩擦副温度迅速升高，最终导致摩擦副完全失效。

1.4.1.3 磨损的特征

（1）表面相互作用。两个摩擦表面的相互作用可以是机械的或分子的两类。机械作用包括弹性变形、塑性变形和犁沟效应。它可以是由两个表面的粗糙峰直接啮合引起的，也可以是三体摩擦中夹在两表面间的外界磨粒造成的。而表面分子作用包括相互吸引和黏着效应两种，前者作用力小而后者的作用力较大。

（2）表面层变化。摩擦磨损过程中各种因素相互作用影响。在摩擦表面的相互作用下，表面层将发生机械性质、组织结构、物理和化学变化，这是由于表面变形、摩擦温度和环境介质等因素的影响所造成的。

表面层的塑性变形使金属冷作硬化而变脆。如果表面经受反复的弹性变形，则将产生疲劳破坏。摩擦热引起的表面接触高温可以使表层金属退火软化，接触以后的急剧冷却将导致再结晶或固溶体分解。外界环境的影响主要是介质在表层中的扩散，包括氧化和其他化学腐蚀作用，因而改变了金属表面层的组织结构。

（3）表面层的破坏形式。主要有以下几种：

1）擦伤：由于犁沟作用在摩擦表面产生沿摩擦方向的沟痕和磨粒。

2）点蚀：在接触应力反复作用下，使金属疲劳破坏而形成的表面凹坑。

3）剥落：金属表面由于变形强化而变脆，在载荷作用下产生微裂纹随后剥落。

4）胶合：由黏着效应形成的表面黏着结点具有较高的连接强度时，使剪切破坏发生在层内一定深度，因而导致严重磨损。

5）微观磨损：以上各种表层破坏的微观形式。

根据研究，人们普遍认为按照不同的磨损机理来分类是比较恰当的，通常将磨损划分为四个基本类型：磨粒磨损、黏着磨损、表面疲劳磨损和腐蚀磨损。虽然这种分类还不十分完善，但它概括了各种常见的磨损形式。例如，侵蚀磨损是表面和含有固体颗粒的液体相摩擦而形成的磨损，它可以归入磨粒磨损。微动磨损的主要原因是接触表面的氧化作用，可以将它归纳在腐蚀磨损之内。

应当指出，在实际的磨损现象中，通常是几种形式的磨损同时存在，而且一种磨损发生后往往诱发其他形式的磨损。例如，疲劳磨损的磨屑会导致磨粒磨损，而磨粒磨损所形成的洁净表面又将引起腐蚀或黏着磨损。微动磨损就是一种典型的复合磨损。在微动磨损过程中，可能出现黏着磨损、氧化磨损、磨粒磨损和疲劳磨损等多种磨损形式。随着工况条件的变化，不同形式磨损的主次不同。

1.4.2　抗磨设计与减摩耐磨机理

1.4.2.1　抗磨设计

对于摩擦学中的磨损问题通常从微观和宏观两个角度进行研究。微观研究是从物理、化学、材料科学等方面研究各种磨损的形成、变化和破坏机理，建立物理模型，探索各种磨损的本质和基本规律。宏观研究则是把各种磨损形式作为一种共同的表面损伤现象，研究它的形态变化、影响因素和提高耐磨性的措施，为工程应用提供依据。这两方面的研究都是重要的，将机理研究和应用研究结合起来将能有效地分析和处理实际磨损问题。

不同的磨损形式有着不同的机理：磨粒磨损主要是犁沟和微观切削作用；黏着磨损过程与表面间分子作用力和摩擦热密切相关；接触疲劳磨损是在循环应力作用下表面疲劳裂纹萌生和扩展的结果；而氧化和腐蚀磨损则由环境介质的化学作用产生。实际的磨损现象通常不是以单一方式呈现，而是以一两种为主，或是几种不同机理的磨损形式综合表现。随着不同的工况变化，实际机械零件的主要磨损形式也会随之改变，因此在把握磨损宏微观变化规律的基础上对机械部件进行合理的抗磨设计很有必要。

根据使用要求不同，摩擦学中的材料可分为摩阻材料和摩擦副材料两类。摩阻材料用在各种机器设备的制动器、离合器和摩擦传动装置中。对材料主要要求是具有较高和热稳定的摩擦因数。而摩擦副材料又分为减摩材料和耐磨材料。一般情况下，材料的减摩性与耐磨性是统一的，即摩擦因数低的材料通常也具有耐磨损性能。然而，并非所有的摩擦副材料都兼有这两种性能。有些减摩材料并不耐磨，而某些耐磨材料可能摩擦因数很高。摩擦副材料的选择依据主要是摩擦表面的压力、滑动速度和工作温度。例如，对于以面接触的滑动轴承，由于其表面压力较低，黏着磨损为主要失效形式，因而通常采用软硬配合的材料配对。而对于以点、线接触（如滚动轴承或齿轮等）的摩擦副，由于是载荷集中作用，主要发生接触疲劳磨损，则应使用硬质材料配对。

通常对于摩擦副材料的主要技术性能要求有如下几个方面：

（1）力学性能。由于摩擦表面的载荷作用和运动中的冲击，材料应具有足够的强度和韧性，特别是抗压能力。此外，疲劳强度也很重要，例如，滑动轴承的轴瓦约有60%是由于表面疲劳剥落而失效的。金属材料硬度越高，其耐磨性越好。而良好的塑性使摩擦表面能迅速地磨合，塑性低的耐磨材料在受到冲击载荷时容易脆裂。

（2）减摩耐磨性能。良好的耐磨材料应具有较低的摩擦因数，它不但本身耐磨，而且不应使配对表面的磨损过大。因此，减摩耐磨性能实质上是相互配对材料的组合性能。磨合性能是评价材料的技术指标，良好的磨合性能表现为：在较短的时间内以较小的磨损量获得品质优良的磨合表面。

（3）热学性能。为了保持稳定的润滑条件，特别是在边界润滑状态下摩擦副材料应具有良好的热传导性能，以降低摩擦表面的工作温度。同时，材料的热膨胀系数不宜过大，否则会使间隙变化而导致润滑性能改变。

（4）润滑性能。摩擦副材料与所使用的润滑油应具有良好的油性，即能够形成连接牢固的吸附膜。此外，摩擦副材料与润滑油的润湿性能要好，从而润滑油容易覆盖摩擦表面。

1.4.2.2 减摩耐磨机理

材料的摩擦学性能除了与固有成分、材料种类相关，还取决于材料的组织结构。从组织结构角度出发，进行抗磨设计时，主要的减摩耐磨机理如下：

（1）软基体中硬相承载机理。通常认为减摩耐磨材料的组织应当是在软的塑性基体上分布着许多硬颗粒的异质结构。例如，锡基巴氏合金的组织是以含锑与锡固溶体为塑性基体，在该软基体上面分布着许多硬的 Sn-Sb 立方晶体和 Cu-Sn 针状晶体。在正常载荷作用下，主要由突出在摩擦表面的硬相直接承受载荷，而软相起着支持硬相的作用。由于是硬相发生接触和相对滑动，所以摩擦因数和磨损都很小。又由于硬相被支持在软基体之上，易于变形而不至于擦伤相互摩擦的表面。同时，软基体还可以使硬相上压力分布均匀。当载荷增加时，承受压力增大的硬相颗粒陷入软基体中，将使更多的硬颗粒承载从而达到载荷均匀分布。

（2）软相承载机理。与上述观点相反，有人认为材料的减摩耐磨机理在于软相承受载荷。在这类材料中，各种组织的热膨胀系数不同，软相的膨胀系数大于硬相。在摩擦过程中，由于摩擦热引起的热膨胀使软相突起几个油分子的高度而承受载荷。由于软相的塑性高，因而减摩性能良好。

（3）多孔性存油机理。现代机械装备中广泛应用的粉末冶金材料是典型的多孔性组织。这种材料是将金属粉末与非金属粉末混合，并掺入各种固体润滑剂，如石墨、铅、硫及硫化物等，以改善材料的减摩性能，再经过成形烧结等工艺而制成。

粉末冶金材料的孔隙占 10% ~35%。将粉末冶金材料放在热油中浸渍数小时后，孔隙中充满润滑油。当摩擦副相对滑动时，摩擦热使金属颗粒膨胀，孔隙容积减小。而润滑油也膨胀，其膨胀系数比金属大，因而润滑油将溢出表面起润滑作用。在巴氏合金和铅青铜等轴承材料的组织结构中，各相的热膨胀系数不同，经过工艺过程中的热胀冷缩而形成许多小孔隙。因此也具有与粉末冶金孔隙相同的润滑效果。

（4）塑性涂层机理。近年来，多层材料日益广泛地应用于轴瓦和其他摩擦副。在硬基体材料表面覆盖一层或多层软金属涂层。常用的涂层材料有铅、锡和镉等。由于表面涂层很薄，并具有良好塑性，因而容易磨合和降低摩擦因数。

1.5 润 滑

润滑是摩擦学研究的重要内容，是改善摩擦副的摩擦状态以降低摩擦阻力减缓磨损的技术措施。一般通过润滑剂来达到润滑的目的。另外，润滑剂还有防锈、减振、密封、传递动力等作用。充分利用现代的润滑技术能显著提高机器的使用性能和寿命，并减少能源消耗。

润滑的目的是在相互摩擦表面之间形成具有法向承载能力而切向剪切强度低的稳定的润滑膜，用它来减少摩擦阻力和降低材料磨损。在现代工业中，用作润滑剂的流体种类繁多，除了最常用的润滑油和润滑脂之外，空气或气体润滑现在已相当普遍，用水或其他工业流体作为润滑剂也日益广泛，例如，在核反应堆里采用液态金属钠润滑。在某些场合也可以使用固体润滑剂，例如石墨、二硫化钼或聚四氟乙烯（PTFE）等。所以，润滑膜可以是液体或气体组成的流体膜，也可以是固体膜。根据润滑膜的形成原理和特征，润滑状态可以分为流体动压润滑、流体静压润滑、弹性流体动压润滑（简称弹流润滑）、薄膜润滑、边界润滑、干摩擦状态等6种基本状态。表1-2列出了各种润滑状态的基本特征。

表1-2 各种润滑状态的基本特征

润滑状态	典型膜厚	润滑膜形成方式	应 用
流体动压润滑	$1 \sim 100\mu m$	由摩擦表面的相对运动所产生的动压效应形成流体润滑膜	中高速下的面接触摩擦副，如滑动轴承
液体静压润滑	$1 \sim 100\mu m$	通过外部压力将流体送入摩擦表面之间，强制形成润滑膜	各种速度下的面接触摩擦副，如滑动轴承、导轨等
弹性流体动压润滑	$0.1 \sim 1\mu m$	与流体动压润滑相同，同时受表面效应作用	中高速下线接触点线接触摩擦副，如精密滚动轴承
薄膜润滑	$1 \sim 100nm$	与流体动压润滑相同，同时受表面效应作用	低速下高精度接触摩擦副，如齿轮、滚动轴承等
边界润滑	$1 \sim 50nm$	润滑油分子与金属表面产生物理或化学作用而形成吸附膜	低速重载下的高精度摩擦副
干摩擦	$1 \sim 10nm$	表面氧化膜、气体吸附膜等	无润滑或自润滑的摩擦副

各种润滑状态所形成的润滑膜厚度不同，但是单纯由润滑膜的厚度还无法准确地判断润滑状态，尚需与表面粗糙度进行对比。只有当润滑膜厚度足以超过两表面的粗糙峰高度时，才有可能完全避免峰点接触而实现全膜流体润滑。对于实际机械中的摩擦副，常常会有几种润滑状态同时存在，统称为混合润滑状态。根据润滑膜厚度鉴别润滑状态的方法虽然是可靠的，但由于测量上的困难，往往不便采用。有时也可以用摩擦系数值作为判断各种润滑状态的依据。

随着工况参数的改变，润滑状态将发生转化。研究各种润滑状态特性及其变化规律所涉及的学科各不相同，处理问题的方法也不一样。流体润滑包括流体动压润滑和流体静压润滑，主要是应用黏性流体力学和传热学等来分析润滑膜的承载能力及其他力学特性。在弹性流体动压润滑中，由于载荷集中作用，还要根据弹性力学分析接触表面的变形以及润滑剂的流变学性能。对于边界润滑状态，则要从物理化学的角度研究润滑膜的形成与破坏机理。薄膜润滑兼有流体润滑和边界润滑的特性。在干摩擦状态中，主要的问题是限制磨损，涉及材料科学、弹塑性力学、传热学、物理化学等内容。

1.6　本　章　小　结

本章首先简单介绍了摩擦学的历史，粗略地介绍了宏观的古典摩擦学理论以及从微观能量耗散角度建立的更为复杂的摩擦学理论，旨在让读者对于摩擦学有一个初步的认识。摩擦是发生在两个物体相对运动界面时能量耗散的现象，而后从界面科学的角度详细地介绍了固体、液体的表面性质，以及固-固、固-液接触时界面的性质，让读者对于摩擦学的本质有更深刻的认识，最后简单地对摩擦学中的三大基本问题做了综述，为后续章节的理解打下基础。

习题与思考题

1-1　什么是赫兹接触？在赫兹接触中，为什么实际的接触面积小于理论预测的接触面积？

1-2　湿润角是什么，它在摩擦学中的作用是什么？

1-3　黏滑现象是指什么？提供一个实际生活中的例子，其中黏滑现象可能会对物体的运动产生影响。

1-4　在微观层面，解释为什么两个表面之间存在摩擦力。其涉及哪些分子间相互作用？

1-5　为什么轮胎在干燥的路面上的摩擦力较大，而在湿滑的路面上的摩擦力较小，如何用摩擦学的概念来解释这一现象？

1-6　你正在设计一个机械装置，需要最小化部件之间的摩擦损失。提供至少三种方法来实现这一目标。

1-7　解释为什么润滑剂在减少摩擦时起着关键作用。列举三种不同类型的润滑剂及其应用领域。

1-8　为什么高温条件下摩擦系数可能会发生变化，如何通过选择适当的材料来应对高温摩擦问题？

1-9　有人认为摩擦力总是阻碍运动，但在某些情况下，摩擦力实际上对运动起着积极作用。提供一个例子，解释摩擦力如何有益于该运动。

1-10　在工程设计中，为什么需要考虑摩擦和磨损？提供一些方法来延长机械零件的使用寿命，减少摩擦引起的损耗。

参 考 文 献

[1] 汪德涛. 摩擦学发展史话 [C] //全国摩擦学学术会议论文集（三），2006：251-255.

[2] Esson U. Historical scientific models and theories as resources for learning and teaching：the case of friction [J]. Science & Education, 2013, 22：1001-1042.

[3] Motohisa Hirano, Kazumasa Shinjo, Reizo Kaneko, et al. Anisotropy of frictional forces in muscovite mica [J]. Phys. Rev. Lett., 1991, 67：26-42.

[4] Martin Dienwiebel, Gertjan S. Verhoeven, Namboodiri Pradeep, et al. Superlubricity of graphite [J]. Phys. Rev. Lett., 2004, 92：126101.

[5] Ze Liu, Jiarui Yang, Francois Grey, et al. Observation of microscale superlubricity in graphite [J].

Phys. Rev. Lett. , 2012, 108: 205503.

［6］ Itai Leven, Dana Krepel, Ortal Shemesh, et al. Robust superlubricity in graphene/h-BN heterojunctions ［J］. J. Phys. Chem. Lett. , 2013, 4: 115-120.

［7］ Diana Berman, Sanket A, Deshmukh, et al. Sumant macroscale superlubricity enabled by graphene nanoscroll formation ［J］. Science, 2015, 348: 1118-1122.

［8］ Oded Hod, Ernst Meyer, Quanshui Zheng, et al. Structural superlubricity and ultralow friction across the length scales ［J］. Nature, 2018, 563 (7732): 485-492.

［9］ Zhongming Xu, Ping Huang. Study on the energy dissipation mechanism of atomic-scale friction with composite oscillator model ［J］. Wear, 2007, 262 (7/8): 972-977.

［10］ Margarida Machado, Pedro Moreira, Paulo Flores, et al. Compliant contact force models in multibody dynamics: evolution of the hertz contact theory ［J］. Mechanism and Machine Theory, 2012, 53: 99-121.

［11］ Barthel E. Adhesive elastic contacts: JKR and more ［J］. Journal of Physics D: Applied Physics, 2008, 41 (16): 163001.

［12］ Holm R. Electric contacts: theory and application ［M］. Springer Science & Business Media, 2013.

［13］ Jung Yeul Jung, Jung Yul Yoo. Thermal conductivity enhancement of nanofluids in conjunction with electrical double layer (EDL) ［J］. International Journal of Heat and Mass Transfer, 2009, 52 (1/2): 525-528.

2 金属材料成形中摩擦副与表面接触

在金属材料成形摩擦学中，金属表面性质和在材料成形过程中摩擦副的接触状态对摩擦、磨损和润滑有着极大的影响，因此有必要对金属表面性质、表面张力进行细致研究和探讨。本章重点研究了金属表面性质（几何形状、组织结构和吸附特征）和相对运动中接触、滑动和滚动等过程中金属表面发生的摩擦、磨损和润滑现象。然而，在讨论这些问题之前，对金属表面的几何形状和表面特征进行研究是必要的。

2.1 金属表面性质

2.1.1 表面几何形状

金属材料成形中摩擦表面的几何形态对摩擦、磨损和润滑过程具有重要的影响。宏观表面看似光滑的工模具，其微观实质是凸凹不平的。以目前的机械加工水平，甚至连最精密加工的表面也会有几个纳米的凸凹高度。至于被加工金属的铸锭和制品，则可能由于受到铸模表面、金属结晶、工模具表面以及金属变形时的塑性粗糙化等因素影响，使之与理想的光滑平整表面相比，存在一定的几何形状误差[1]。这些误差通常用以下三个概念来表述：

（1）宏观几何形状误差。在金属材料成形工艺中所用到的工模具或坯料表面，大多数由简单平面、圆柱面及圆锥面等组合而成，表面宏观几何形状误差可用不直度和不平度表示[1]。以一块镦粗用的平压板或轧制用的板锭为例，其不直度就是在指定方向上实际的轮廓线与理论直线的直度偏差。不平度是指整个平面各个方向上所存在的最大不直度[2]。在板材生产中，作为产品的检验标准，也经常会用到不直度和不平度的概念。对于诸如轧辊及圆柱形锭坯一类表面，在横截面上最典型的误差则为鼓形度、鞍形度、弯曲度以及圆锥度等[2]。

（2）中间几何形状误差。中间几何形状误差是一种较上述范围更小的误差，常用表面波度或波纹度来描述。它是在工具或坯料表面上周期性重复出现的一种几何形状误差。表面波度的存在会减少接触时的实际承载面积，从而增加在摩擦过程中的摩擦阻力以及加剧磨损[2]。

（3）微观几何形状误差。表面微观几何形状误差不像表面波度那样有明显的周期性，其波高与波距之比也小得多。这种误差越大，表面越粗糙；反之，表面越光洁。微观几何形状误差，即表面粗糙度。显然，两接触表面越粗糙，相互真实接触的面积就越小，相对运动的阻力就越大[3]。实践表明，通常摩擦表面运动方向和加工纹路取向一致时，摩擦阻力最大；而当它们之间呈一定角度或加工纹路无规则时，摩擦阻力最小。表面的形状误差如图 2-1 所示。

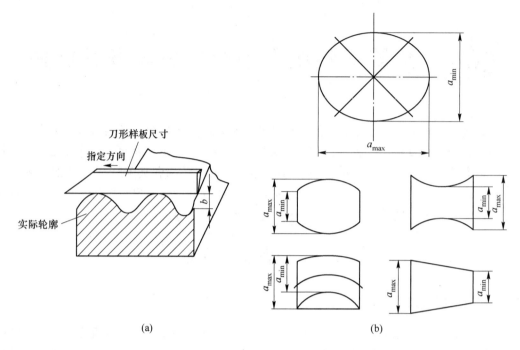

图 2-1　表面的形状误差

（a）平面的形状误差；（b）圆柱表面形状误差

2.1.2　金属表面组织结构

摩擦学研究的对象都与相对运动或有相对运动趋势的固体表面有关。因此，除了固体表面轮廓外，表面的组织结构以及表面热力学性质都应加以研究。几乎所有金属都能对氧进行化学吸附反应[4]。即使在常温条件下，新鲜金属表面一经暴露，就会很快被氧化。钢、铁及铝等大多数金属约经 5min 或更短的时间，就会生成一层 10～20nm 厚的氧化膜，而且在这层氧化膜上还可能吸附水汽、气体分子或其他污染膜[5]。因此，金属表面的一般结构可以表示成图 2-2。

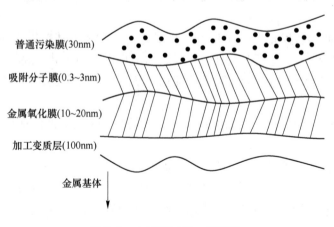

图 2-2　金属表层的一般结构

在金属材料成形加工生产中，由于坯料的加热或变形热效应的作用，变形金属与工模具表面极易形成氧化膜。这种氧化膜对金属材料成形过程的摩擦润滑以及工模具的磨损行为影响很大[5]。在稀有金属材料加工中，为了有效地防止被加工材料黏着工模具和便于带入固体润滑剂，有时可人为地在坯料表面制备一层轻微的氧化膜[5]。

此外，在研究金属材料成形条件下的摩擦问题时，还必须注意到由于金属的塑性流动，使表层组织受到因剧烈剪切变形所引起的变化[3]。同时，由于宏观表面积的增加，使金属表面膜不断破裂，在与工模具表面紧密贴合的近乎真空条件下不断产生新生金属表面[4]。由于这种新生表面层原子外侧处于不饱和键力状态，而且会发射一种外逸电子，使金属表面呈现出相当活泼的性质，极容易吸附其他物质分子或与之起作用，发生摩擦化学反应。

塑性变形条件下的摩擦本质是表层金属的流动剪切变形过程。表层金属与内层未变形金属相比，具有更多的破碎晶粒组织、位错密度较大，显微裂纹和孔穴等晶体缺陷更多，整个表层能量更高。摩擦过程中表层元素组成和分布特点也是扩散机制的作用结果。通常，原子扩散流动方向是由于压力与温度梯度决定。由于金属表面有最大应力及温度，扩散原子将向摩擦接触表面运动，空位则向内层运动。在热轧铜、铝以及无润滑挤压铝及铝合金棒材时，发现变形金属与工模具材料中的合金元素可通过界面相互扩散，从而改变摩擦对偶的配对性质，进而使金属黏着、摩擦和磨损加剧，制品表面质量下降[6]。

2.1.3 表面吸附与表面氧化

2.1.3.1 表面吸附

固体的表面具有较大的表面张力，在金属材料塑性成形过程中产生大量的新生表面，新生表面上的原子由于失去平衡使得表面上的原子的能量高于材料本体，使其大都处于不稳定或是不饱和的状态，也更容易发生吸附。如新生表面与许多氧化物、非氧化物和非金属等发生吸附，如图 2-3 所示。例如，暴露在空气中的硅很容易形成二氧化硅层。表面与气体的相互作用不一定随着氧化层的形成而停止，根据吸附膜的性质不同可以将吸附的类型分为物理吸附和化学吸附[5]。

（1）物理吸附。物理吸附指的是在气体与固体表面接触时由于分子之间的作用力（范德华力）而产生的吸附，因为其不改变吸附层的分子结构或电子分布，所以吸附能力较弱，吸附和解吸的速度也都比较快[1]。被吸附的物质随着温度的升高比较容易发生解吸，所以物理吸附在一定程度上是可逆的[1]。

（2）化学吸附。化学吸附是吸附分子与固体表面原子（或分子）发生电子的转移、交换或共有，形成吸附化学键的吸附。由于固体表面存在不均匀力场，表面上的原子往往还有剩余的成键能力，当气体分子碰撞到固体表面上时便与表面原子间发生电子的交换、转移或共有，形成吸附化学键的吸附作用[7]。化学吸附的结合能比物理吸附要高，通常要在较高的温度下才会发生解吸[5]。

化学吸附与物理吸附的区别[5]如下：

（1）吸附力方面。化学吸附是分子间的价键力的作用，物理吸附则是分子间范德华力作用。

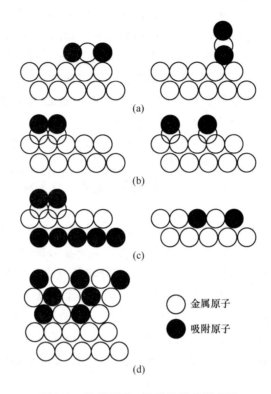

图 2-3　物理吸附、化学吸附的示意图

（a）物理吸附；（b）化学吸附；（c）化学吸附与重组；（d）化学反应

（2）吸附层方面。化学吸附是单分子层，而物理吸附为多分子层。

（3）吸附的选择性方面：化学吸附只能吸附那些容易和它产生化学作用的物质，有选择性，而物理吸附是由分子间力所引起的物理现象，无选择性。

（4）吸附活化能和吸附速度方面。化学吸附有吸附活化能；物理吸附不发生化学反应，虽然也需要活化能，但是和化学吸附相比，其活化能是很小的。由于活化能的差别，所以化学吸附速度要小于物理吸附速度。

（5）吸附热方面。所有的吸附过程都是放热的，化学吸附的吸附热比物理吸附的吸附热要大得多。

（6）吸附可逆性方面。物理吸附是可逆的吸附，化学吸附是不可逆的吸附。

同一物质，可能在低温下进行物理吸附而在高温下为化学吸附，或者两者同时进行。吸附作用的大小跟吸附质的性质和浓度的大小、吸附剂的性质和表面的大小、温度的高低等密切相关[5]。

2.1.3.2　表面氧化

当存在氧气，在金属表面发生离子化学反应时，就会发生金属氧化。在此过程中，电子从金属移动到氧分子。然后负氧离子产生并进入金属，导致氧化物表面的形成。氧化是金属腐蚀的一种形式[8]。一般来说，其氧化物可以分为三类：

（1）不稳定氧化物：氧化物不会形成，例如，金和铂的氧化物。

（2）熔融或挥发性氧化物：如钒上的 V_2O_5 和钼上的 MoO_3。

（3）稳定氧化层：更常见的是在表面形成一层氧化物的薄膜，这会减缓进一步的氧化[9]。

金属-氧反应过程中将气体吸附在干净的金属表面上，如图 2-4 所示。随着反应的进行，氧气可以渗入金属中，在表面上形成氧化物，形式为薄膜或氧化物核。

其中一种氧化机制如图 2-5 所示。金属阳离子向外扩散，氧阴离子向内扩散。金属氧化物可在这些离子反应的氧化层中的任何位置形成。

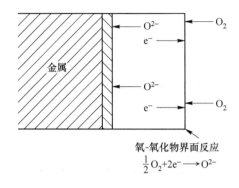

图 2-4 基于阴离子扩散的 图 2-5 阴离子和阳离子同时
　　　氧化作用的简化图   扩散的氧化机制

一些金属同时形成一种以上的稳定二元氧化物。例如铁在约 570℃ 以上显示出 FeO_2/FeO/Fe_3O_4/Fe_2O_3（铜形成 Cu_2O 和 CuO）的相序。相对厚度由通过该氧化物的离子扩散速率决定。FeO 和 Fe_3O_4 通过金属阳离子通过氧化层扩散而生长，因为这些氧化物含有阳离子空位。

但是 Fe_2O_3 的生长是通过氧阴离子从氧表面向内扩散而发生的，因为它具有阴离子空位。低于 570℃，FeO 层缺失，水垢黏附性更强、更硬。

在金属材料成形的过程中，若金属氧化物较为坚硬，则会起到磨粒的作用，使摩擦和磨损加剧，例如 Fe_3O_4。但在高温时，FeO 会具有减摩、润滑的作用。当氧化膜较薄时，能够有效地防止接触表面的黏结，但是随着氧化膜厚度的增加，强度降低，在摩擦磨损的过程中容易脱落形成磨粒，这将增加摩擦和加剧磨损。

2.1.3.3 氧化断裂

金属-金属氧化物界面处氧化物的形成往往会在氧化层中产生压应力。在初始阶段，这些压应力是有益的，因为应力会关闭薄膜中的孔以产生致密的薄膜，但随着厚度的增加，氧化膜可能会破裂以减轻这些应力，并且可能导致材料断裂。氧化通常会导致以下几种断裂类型：

（1）脆性断裂。氧化会导致材料的脆性增加，使其更容易发生脆性断裂。脆性断裂是指材料在受到应力作用时，无法发生塑性变形而直接破裂。

（2）疲劳断裂。氧化会降低材料的抗疲劳性能，使其更容易发生疲劳断裂。疲劳断裂是指材料在反复加载下，由于应力集中或微小缺陷的存在，逐渐产生裂纹并最终破裂。

（3）应力腐蚀断裂。氧化会增加材料的腐蚀敏感性，使其在受到应力和腐蚀介质共同作用时，更容易发生应力腐蚀断裂。应力腐蚀断裂是指材料在受到应力和腐蚀介质的共同作用下，发生腐蚀和断裂。

（4）氢脆断裂。氧化会增加材料对氢的吸收能力，使其更容易发生氢脆断裂。氢脆断裂是指材料在吸收氢后，由于氢的影响导致材料的脆性增加，最终发生断裂。

2.2　金属表面接触特性

2.2.1　表面张力与表面能

固体和液体界面的表面能和表面张力对于它们之间的相互作用过程具有重要的影响。

当固体与固体界面相互接触时，在粗糙的金属接触过程中，表面上的凸峰和凹谷相互作用，形成凸凹交错的结构。最初接触的地方是两个表面的对应微凸体高度之和最大的区域。随着压力的增加，其他新的微凸体也开始接触。每个微凸体开始接触时，会发生弹性变形，当载荷超过临界值时，会发生塑性变形。随着载荷的进一步增加，表面的波纹度也会发生弹性变形，这会导致轮廓面积和能够承受载荷的微凸体数量增加。

在金属材料加工成形过程中，接触情况与机械传动中的摩擦对有所不同。通常情况下，接触的一方是硬度很高的工模具，而另一方是相对较软的塑性变形体。当两者接触时，起初可能是微凸体之间的接触，但随着施加的压力增加，工模具表面的微凸体会将变形金属表面的微凸体压扁，将其压入变形金属表面。由于变形金属具有塑性流动性，它会填充工具表面的凹谷，形成更紧密的接触。在这种情况下，工模具表面的粗糙度和变形金属的物理力学性能将影响接触的性质。

2.2.1.1　表面能

液体或固体内部的每一个分子（原子）四周将均匀地受到其他分子（原子）对它的作用，这个力是平衡的，然而处于表面的分子（原子）外侧没有其他分子（原子）作用，故所受的引力是不平衡的，都受到指向内部的拉力作用[5]。因此，如果把分子从内部移到表面上来，必须克服这个力做功。这样，位于表面中的每一个分子比内部的分子具有较大的势能，这就好像被举起的石块要比它在地面时具有较大的势能一样。液体或固体表面的全部分子所具有的额外势能总和叫作表面能，实际上是液体或固体表面与空气间的界面能，只是由于空气分子的引力对其影响不大，可以近似认为两者数值相等，表面能是内能的一种形式[1]。

2.2.1.2　表面张力

表面张力是由于分子间力而增加液体表面积所需的能量或功。由于这些分子间力根据液体的性质（例如水与汽油）或液体中的溶质（例如洗涤剂等表面活性剂）而变化，因此每种溶液表现出不同的表面张力特性[1]。

表面张力（用希腊字母 γ 表示）定义为表面力 F 与力作用的长度 d 之比：

$$\gamma = F/d \tag{2-1}$$

表面张力以 N/m（牛顿/米）的 SI 单位测量，更常见的单位是 cgs 单位 dyn/cm（答因/厘米）。在热力学中，有时根据单位面积的功来考虑它是有用的。在这种情况下，SI 单位是 J/m^2，cgs 单位为 erg/cm^2。

还有其他几个与表面张力相关的重要概念。首先是内聚力和黏附力。内聚力是以最小的表面积将液体固定在一起的力，黏附力是试图使液体扩散的力。因此，如果内聚力比黏附力强，水体将保持其形状，但如果相反，则液体将被分散，使其表面积最大化。任何可以添加到液体中以增加其表面积的物质都称为润湿剂。

在金属材料成形过程中，为了保证润滑剂能连续地覆盖在金属表面，形成完整的润滑膜，需要使润滑剂具有较好的润湿性能。

2.2.2 接触角

当一滴液体放置在材料表面上时，会形成接触角（也称为润湿角）。液体的表面张力和液体对表面的吸引力导致液滴形成圆顶形状。如果液滴小，液体的表面张力高，就会形成一个完美的半球。液滴周长、液-固界面和固体相遇的点称为三相接触点。接触角定义为此时与液体表面和固体表面的切线之间的角度，如图2-6和图2-7所示。

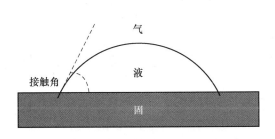

图 2-6 接触角示意图

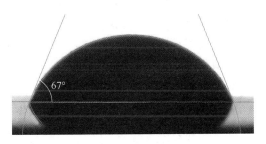

图 2-7 使用加热显微镜测量接触角

固体的表面能可通过与液体接触时的形状改变推断出来，当固体、液体和气体三者之间的界面张力平衡时，根据杨氏方程可得：

$$\gamma_S = \gamma_{LS} + \gamma_L \cos\theta \tag{2-2}$$

式中　γ_L——在液相和气相界面处的张力；

　　　γ_{LS}——在液相和固相界面处的张力；

　　　γ_S——在固相和气相界面处的张力。

如果液体在固体表面上均匀运行，则存在接触角为0°的完全润湿。如果角度在0°~90°，则表面可润湿，该表面称为亲水性。90°~180°的角度意味着表面不可润湿，它是疏水性的，如图2-8所示。如果角度明显接近180°，则它是完全疏水的超疏水表面，此属性被描述为莲花效应。

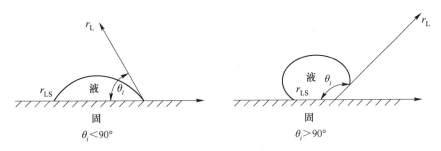

图 2-8 表面润湿情况（接触角）

液体对固体润湿情况也可用液-固界面黏着功 W_a 来表示，黏着功是指将 $1cm^2$ 的液-固界面拉开所需做的功，液体对固体的吸引力越大时，黏着功也越大，黏着功表示为[10]：

$$W_a = \gamma_L + \gamma_S - \gamma_{LS} \tag{2-3}$$

液体自身的吸引力大小用液体的内聚能 W_c 来衡量，内聚能是指将 $1cm^2$ 的截面的液体拉开时所需做的功。液体自身的吸引力越大，内聚能也越大，内聚能与界面张力之间的关系式为：

$$W_c = 2\gamma_L \tag{2-4}$$

只有当黏着功 W_a 大于内聚能 W_c 时，液体才能对固体产生浸润。现将 W_a 与 W_c 之差定义为液体在固体表面的铺开系数 S，则

$$S = W_a - W_c = (\gamma_S - \gamma_L) - \gamma_{LS} \tag{2-5}$$

当 $S > 0$ 时发生浸润现象。固体与液体表面能差值越大或固液界面能小有利于浸润。

液-液相接触，对其中某一液体而言，表面上的分子所受到的净吸力与其单独存在时不同，因为它与另一液体表面分子之间无疑地也有分子引力，这个力的大小与体内分子对它的作用引力不一样。因此，就产生力的不平衡，也就存在界面张力与界面能。其数值应介于两液体表面张力和表面能之间。

固-固相接触，当固体金属表面间发生黏着时，如工模具与变形金属间或金属之间发生黏着，那么引出了固-固界面的黏着功概念。在外力作用下，把两个横截面积为 $1cm^2$ 的不同金属块接到一起时，外力为此所做的功，即为固-固界面的黏着功 W，在数值上应等于重新沿界面拉开它们时形成两个新表面的表面能之和与不复存在的原界面能之差，即：

$$W_{ab} = \gamma_{sa} + \gamma_{sb} - \gamma_{ab} \tag{2-6}$$

式中　W_{ab}——单位黏着功；

　　　γ_{sa}——一种金属的表面能；

　　　γ_{sb}——另一种金属的表面能；

　　　γ_{ab}——两种金属黏着后的界面的界面能。

因此，如果 γ_{sa}，γ_{sb}，γ_{ab} 数值已知，则可计算出黏着功的数值，进而衡量两种金属产生黏着的难易程度。由此可见，接触表面能 γ_{sa} 和 γ_{sb} 越大，产生黏着所需的黏着功 W_{ab} 越大。然而，如果两金属表面黏着后的界面能 γ_{ab} 很高，则意味着所需黏着功很小。从力学角度看，表面能大表示金属本身原子之间有较强的结合力，硬度较大，黏着难以发生。为此，通常采用 W_{ab}/H 来衡量黏着的难易程度，W_{ab}/H 值与黏着系数成正比。如金属铟 W_{ab}/H 值最大，是金属中黏着性最强的。

2.2.3　金属表面接触与真实接触面积

两个非理想的表面接触时，表面上的凸峰凹谷就要相互作用，有的凸峰与凸峰接触，有的则是凸峰穿插到另一表面的凹谷中，犬牙交错。随着作用压力的增大，相互接触的局部区域就会由弹性变形状态进入塑性变形状态，使接触面积不断增加。当面压继续增大时，就可能出现接触偶中较软物体的整个基体进入塑性变形状态。这就出现了金属材料成形时工模具与变形金属之间的那种接触状况。此时，由于金属与工模具表面之间的相对滑动，又会导致真实接触面积的进一步增大[6]。

在金属材料加工成形中，工模具与工件表面情况不可能都是理想的光滑表面，都存在着一定的不平整[11]。因此，当两个表面接触时，其接触有不连续性和不均匀性。采用三种不同的表面面积来描述表面的接触状态，如图2-9所示。

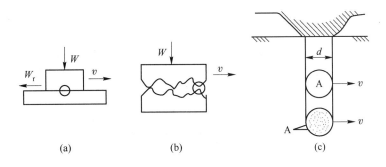

图2-9　表面接触状态

（a）名义接触面积；（b）轮廓接触面积；（c）实际接触面积

（1）名义（或几何）接触面积。名义（或几何）接触面积（A_m）是两物体接触相互重叠的表观面积，即接触表面的宏观面积，以 $A_m = a \times b$ 表示。

（2）轮廓接触面积。由于波纹度存在，接触斑点集聚在个别区域里的波顶，这些斑点集的总和，也就是物体的接触表面被压住部分所形成的面积的总和，叫作轮廓接触面积（A_i）。

（3）实际接触面积。实际接触面积是指在固/固界面上，直接传递界面力的各个局部实际接触的微观面积 ΔA_{ri} 的总和。假定在界面上有 n 个微观的实际接触面，则其总的实际接触面积为：

$$A_r = \sum_{i=1}^{n} \Delta A_{ri} \tag{2-7}$$

在研究表面接触模型时，必须知道粗糙表面微凸体的几何形状和尺寸。为了方便研究，常会采用三种微凸体的模型，球形模型、柱形模型和锥形模型，其中球形微凸体模型是较为广泛采用的，这种模型便于计算实际接触面积，能较为客观地反映摩擦各向同性[12]。

目前，大多数人认为两固体接触模型可分为三大类，如图2-10所示：球面与球面接触、球面与平面接触、棒与棒接触。

在摩擦学的研究范围内，第一、第二两种模型比较接近实际情况，第三种模型只适用于某些特殊的情况，即微凸体数目较多，而且彼此之间大小相近的情况。此外，有些人还按接触的点、线、面来考虑接触模型。需要指出，由于表面微凸体高度分布的不均匀性，因而在具体计算接触模型时，必须用概率的方法来处理表面微凸体高度的分布。

接触表面特点如下：

（1）固体间接触不连续性，即接触的离散性；

（2）固体间接触面积的三种类型：名义接触、轮廓接触、实际接触；

（3）固体间接触具有分子和力学双重性；

（4）摩擦过程中，微凸体的接触部位上的闪温比基体平均温度高得多。

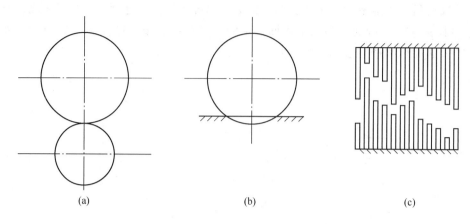

图 2-10　接触模型

（a）球面与球面接触；（b）球面与平面接触；（c）棒与棒接触

2.2.4　塑性变形与塑性粗糙化现象

单晶体金属是由取向一致的晶格组成。晶格类型决定了单晶体金属的塑性变形能力，按晶格类型常可分为三种：体心立方金属，如 α-铁、铬、钼、钨等；面心立方金属，如铜、铝、银、镍等；密排六方金属，如锌、镉、镁等。这三类金属晶体在塑性变形过程中可能出现的滑移面、滑移方向以及它们组成的滑移系数目[13]，如表 2-1 所示。一般来说，滑移系较多的面心立方金属展现出较强的塑性变形能力。

表 2-1　金属的主要滑移面、滑移方向和滑移系

晶格	体心立方晶格	面心立方晶格	密排六方晶格
滑移面 滑移方向 滑移系	{110} ×6 {110} <111> ×2　　<111> 6×2=12	{111} ×4　<110> {111} <110> ×3 6×2=12	{111} ×4　六方面 对角线 底面对角线 ×3 6×2=12

实际生产中的金属大多数为多晶体材料，它是由许多不同取向的细小单晶体（晶粒）通过晶界连接在一起的聚合体。晶界一般由无序排列的金属本体原子、低熔点相以及其他杂质组成。在高温下，晶界强度比晶内小，在外力作用下，易出现滑移、晶间转动以及非晶扩散等变形机制，从而表现出较好的塑性。而在冷变形状态下，晶界强度往往高于晶内，晶界对金属晶体内部的变形起着阻碍作用。当多晶材料发生塑性变形时，不可避免地会出现表面粗糙现象。这不仅会影响接触面之间的摩擦性能、耐磨性和润滑性能，而且还会影响材料的疲劳行为和成形极限。因此，表面粗糙现象是金属成形过程中的重要关注点之一。

金属晶体的原子是靠金属键结合在一起的。由于这一特点，使金属在外力作用下，位

错极易在滑移面上沿某一滑移方向运动,其结果,金属的一部分相对另一部分滑移一定原子间距,从而在金属的表面出现一系列的滑移台阶,这就是在适当条件下能观察到的滑移带及滑移线现象[14]。金属的宏观塑性变形就是许许多多的位错在多个滑移系上同时协调作用的结果。由于交叉滑移、多滑移使位错相互交割,使运动阻力增大。因此,金属随着变形程度的增加,变形抗力增大,这就是金属材料成形中的冷作硬化现象。塑性变形结果,使金属内部组织破碎,位错密度增大,微裂纹形成,强度指标增大,塑性指标降低,物理化学性能改变,以及在坯料或制品表面产生塑性粗糙化现象。

金属的性质、组织状态以及变形的大小都直接影响表面粗糙化程度。晶粒越粗大,变形程度越大,变形后试件表面就越粗糙。晶粒大小的影响,反映了晶界对粗糙化的影响。这一点可以由两个晶粒组成的试件经过拉伸变形后呈现出"竹节状"、粗大晶粒的铝合金板材在冲制变形后易出现"橘皮状"来得到说明。

在工模具与变形金属的接触界面上,存在连续的足够厚度的润滑膜时,由于变形金属表面受不到光洁工模具表面直接压熨作用,其表面的粗糙化程度大体与自由表面情况一致。

在干摩擦与边界润滑摩擦条件下,变形金属表面的粗糙化过程由于要受到工模具表面不同程度的约束,从而,工模具表面特性将复显在制品的表面上[15]。工模具表面越光洁,制品的表面也越光洁。然而太光洁的工模具表面往往由于带入和滞留润滑剂困难,加之在高压下易与变形金属直接接触而产生黏着,结果制品表面质量并不一定好[16]。

在金属材料成形的过程中,在工模具与变形金属接触的表面上,存在润滑剂时,将会影响变形表面的粗糙度[17]。

2.3　本章小结

摩擦是塑性成形的主要因素,它的大小、形状和接触位置对制品质量有较大的影响。摩擦的类型主要有两种:静摩擦和动摩擦,它们各自对制品质量的影响程度不同,对制品的成形也有一定的影响。

塑性成形时,表面会发生塑性变形,在这一过程中产生的最主要应力是塑性应变。表面摩擦力是塑性变形中起重要作用的因素之一,它主要来源于在塑性变形中表面与制品之间的相对运动所产生的摩擦力。为了获得理想的表面粗糙度,要综合考虑摩擦、制品材料性能、表面性质等因素,同时要注意在成形过程中产生黏着或过大变形等问题。塑性成形过程中,摩擦会产生热量,它可能导致材料的软化或氧化,使制品的力学性能下降。为减少热量的产生,可以在材料表面涂敷减摩、抗腐蚀的保护涂层。

摩擦是塑性成形中能量消耗的最大因素。为了减少摩擦所耗的能量,在摩擦材料中添加一定量的金属或非金属,如钛合金和橡胶等材料。

由于表面粗糙度主要来源于动摩擦,所以在成形过程中必须考虑动摩擦的影响。通过对塑性成形中表面粗糙度和动摩擦系数的分析,可以提出一些减少动摩擦影响的措施。表面粗糙度是影响塑性成形质量、模具寿命的重要因素,其主要决定因素是材料性能和工艺条件。

在塑性成形过程中,工件上出现了一定宽度和深度的接触区或表面区域,其宽度由成形过程中工艺条件决定；接触区域在整个成形过程中起着非常重要的作用。根据塑性成形工艺要求和工件材料性质，在接触区上有可能形成各种不同类型的接触点。这就要求在设计模具时就要考虑到这些接触点情况，并对它们进行合理匹配。由于塑性成形时接触区域内易产生大量残留应力，从而导致材料组织结构变化和表面层疲劳剥落等问题，必须采取措施来减少或防止残余应力的产生和保持表面层疲劳寿命。由于塑性成形时接触点处材料塑性应变不均匀而引起裂纹现象时有发生，因此在设计模具时要合理选择接触区域或接触点位置，尽量避免缺陷和产生裂纹。

习题与思考题

2-1　分析材料表面吸附方式的影响因素。

2-2　请概述表面预处理的目的和重要性。

2-3　试比较物理吸附与化学吸附的异同。

2-4　固体表面发生化学吸附的原因是什么，表面反应与化学吸附的关系是什么？

2-5　简述表面粗糙度对零件的使用性能有何影响。

2-6　表面粗糙度的主要评定参数有哪些，优先采用哪个评定参数？

2-7　什么是零件的表面粗糙度，产生表面粗糙度的原因是什么？

2-8　表面粗糙度轮廓、波纹度和宏观形状轮廓误差三者的关系如何？

2-9　什么是 Young 方程，接触角的大小与液体对固体的润湿性好坏有怎样的关系？根据 Young-Dupre 方程，请设计测定固-液界面黏附功的方法。

2-10　比较 Langmuir 单分子层吸附理论和 BET 多分子层吸附理论的异同，怎样测定材料的比表面积？

2-11　分析金属铁的表面氧化方式。

2-12　金属材料在工业环境中被污染的实际表面是怎样的？

2-13　分析影响表面能的因素。

2-14　黏着固体与固体接触时有何表面现象？

2-15　分析最常见的几种界面类型。

参 考 文 献

[1] 温诗铸，黄平. 摩擦学原理 [M]. 4 版. 北京：清华大学出版社，2012.

[2] 布思罗伊德. 金属切削加工的理论基础 [M]. 济南：山东科技出版社，1980.

[3] 姚若浩. 金属压力加工中的摩擦与润滑 [M]. 北京：冶金工业出版社，1990.

[4] 王家安，赵振铎，王加莲. 磷化-皂化处理在低碳钢冷挤压工艺中的应用 [J]. 锻造与冲压，2005 (9)：54-56.

[5] 赵振铎. 金属塑性成形中的摩擦与润滑 [M]. 北京：化学工业出版社，2004.

[6] 曹安斋. 铝合金内腔带筋筒形挤压件成形工艺分析与实验研究 [D]. 太原：中北大学，2008.

[7] 谢琦. 集成电路铜互连工艺中先进扩散阻挡层的研究 [D]. 上海：复旦大学，2008.

[8] 彭显才，费逸伟，郭峰，等. 金属磨粒对航空发动机润滑油氧化安定性的影响探究 [J]. 山东化工，2016 (18)：44-46.

[9] 姚玉泉，马先贵，丁津原. 摩擦磨损润滑密封 [M]. 沈阳：东北工学院出版社，1989.

[10] 王莽. 镍铝基自润滑复合材料的摩擦学性能研究 [D]. 武汉：武汉理工大学，2013.

[11] 程帅，董云开，张向军. 规则粗糙固体表面液体浸润性对表观接触角影响的研究 [J]. 机械科学与技术，2007，26 (7)：822-827.

［12］林志勇，彭晓峰，王晓东. 固体表面振荡液滴接触角演化［J］. 热科学与技术，2005，4（2）：141-145.

［13］相瑜才，孙维连. 工程材料及机械制造基础：工程材料［M］. 北京：机械工业出版社，1998.

［14］朱希玲，张玉华，赵胜祥，等. 有限元数值模拟在静压轴承设计中的应用［J］. 轴承，2005（11）：1-3.

［15］Ludema K C. Friction, Wear, Lubrication：A Textbook in Tribology［M］. Boca Raton：CRC Press, 1996.

［16］Bharat Bhushan. Nanotribology and nanomechanics：An lntroduction［M］. New York City：Springer Cham, 2005.

［17］Salek E, Totten G E. The handbook of lubrication and tribology：Volume I［M］. Boca Raton：CRC Press, 2006.

3 金属材料成形中的摩擦学理论

摩擦学的主要研究内容是摩擦、磨损和润滑，磨损是伴随摩擦而产生的必然结果，它是相互接触的物体在相对运动时，表层材料不断发生损耗的过程或者产生残余变形的现象。因此，磨损不仅是材料消耗的主要原因，也是影响产品质量以及设备与工具使用寿命的重要因素。故对磨损的研究引起了人们极大的关注。而减少摩擦与磨损的主要措施就是润滑，润滑对提高工具的寿命、节能，以及保证产品的质量有重要意义。本章主要叙述金属材料成形摩擦学中摩擦、磨损和润滑的基础理论[1]。

3.1 金属材料成形中的干摩擦理论

金属材料成形中变形区内的摩擦是在接触界面处于高温高压下进行的，并且被加工金属处于塑性变形状态。因此，金属材料成形中的摩擦与一般固体机械摩擦有所不同，在摩擦的物理-化学基础与力学基础方面，有它的特殊性。

3.1.1 从物理-化学基础出发对摩擦过程的分析

摩擦力的构成有以下几个部分：

（1）黏着点剪断力。在金属材料成形过程中，由于被加工金属发生塑性变形，接触面积扩大，会有内部的新鲜质点转移到接触表面上来；同时，在接触界面上又受到高压、高温的作用，所有这些条件都利于加强分子吸引力，这将促使在变形区的接触表面上发生黏着。当接触表面间有相互切向移动时，则发生黏着点的断裂，同时还将产生新的黏着点。如果变形金属与工具表面黏着得很牢固，则剪断面将发生于较软的变形金属的接触层内。为破坏这些黏着点所需的切向力是构成摩擦力的第一重要组成部分[2]。

在变形区的接触面上发生黏着的现象，无论在热加工还是冷加工时都可观察到。苏联的谢苗诺夫等人研究发现，对于每种金属来说，都存在发生黏着的临界变形程度，临界变形程度越低，该金属呈现黏着的倾向就越大。实践表明，在材料加工成形时，不锈钢和一些有色金属（例如铝、铅、锌、锡、铜等）具有较大的黏着倾向。

（2）犁沟力。犁沟力是构成摩擦力的第二组成部分，当成形工具表面较硬的微凸体压进较软的变形金属表面产生犁沟，这种犁沟的阻力便是犁沟力。每个微凸体在变形金属表层内的移动，都伴随着邻近金属质点的塑性推挤。显然，微凸体的高度越大，则压入的金属表面越深，为使表面间相互切向移动所需的力也就越大。

（3）中间介质的剪切抗力。在金属材料成形过程中，摩擦力的构成主要是分子间的作用和机械的作用。但是，在研究金属材料成形过程中的摩擦问题时，还需要考虑加工模具与变形金属表面间介质的作用。即使不采用工艺润滑，在金属表面的氧化膜、粉尘、水等也起到中间介质的作用，它会形成或大或小的整体隔离层。中间介质的剪切抗力要比变形金属的小得多，所以当接触面相互移动时，滑移常发生于中间隔离薄层中。这样一来，在接触面上的某些部分，摩擦力的大小将取决于中间介质的剪切抗力，这是摩擦力的第三个组成部分。

一般情况下，金属材料成形过程中摩擦力由以上三个部分组成，但每个部分的作用大小要由摩擦的具体条件而定。例如轧制覆盖有氧化皮层的金属时，滑移可能出现在下列四种面上：（1）氧化皮与轧辊之间；（2）氧化皮层内；（3）金属与氧化皮的边界上；（4）金属的接触层内。

如果氧化皮较厚（1~10mm），由于在高温下较厚的氧化皮与金属表面的黏着很弱，最有可能发生滑动的地方将是金属与氧化皮的边界处。如果氧化皮厚度很薄（小于0.1mm），此时轧辊表面微凸体压入金属表层，将发生氧化皮层变形和金属接触层被犁沟[3]。

3.1.2 从成形力学出发对摩擦过程的分析

成形力学条件对金属材料成形中摩擦规律有重要影响。翁克索夫等人用光弹性试验，确定了压缩矩形铅试样接触面上单位压力 p 和单位摩擦力 t 的分布规律，如图 3-1 所示。结果表明，当接触区长度 l 与试样高度 h 之比较大（$l/h>6$）时，单位摩擦力分布图由三个区段组成，如图 3-1(b) 所示。

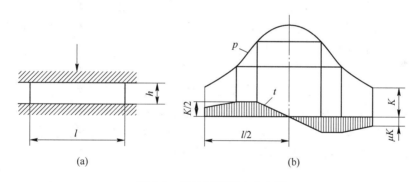

图 3-1　铅块压缩受力分布图
（a）压缩矩形铅块示意图；（b）$l/h>6$ 时压力与摩擦力分布

（1）滑移区。单位摩擦力与单位正压力成正比增加，比例即为摩擦系数 μ。

（2）制动区。单位摩擦力保持常数，摩擦力始终等于平面变形抗力 K 的一半。

（3）停滞区。单位摩擦力线性递减，到流动分界面处为零。在停滞区范围内，接触层下面的金属不发生塑性流动，所以接触面上属于静摩擦，其单位摩擦力的大小与在该表面区上各点的滑移趋势成比例。在变形区的分流面上没有滑移趋势，因此该处的摩擦力等于零。

翁克索夫的试验表明，当 l/h 值减小时，制动区先减小，然后完全消失。继续减小 l/h 值，则滑移区开始缩小。当 $l/h<2$ 时，滑移区也消失，停滞区会扩展到整个接触面。由此可以看到，摩擦力沿变形区接触面上的分布，除受前述物理-化学因素影响之外，主要还取决于形变力学条件[1]。

3.2　金属材料成形中的磨损理论

磨损是伴随着摩擦而产生的必然结果。当相互接触的物体发生相对运动时，材料的表层不断发生损耗或残余变形，这就是磨损现象。因此，磨损不仅是材料消耗的主要原因，还是影响产品质量以及设备与工具使用寿命的重要因素。所以人们对磨损的研究十分重视[4]。

3.2.1　概述

当物体在外力作用下，克服摩擦力做往复运动时，就会导致物体的表面物质不断损失，金属从一个表面转移以及金属磨耗的过程称之为磨损。

磨损是多因素相互影响的复杂过程，与摩擦副的磨损程度、所用材料的性质、表面加工方法和质量，以及使用条件（载荷、温度、速度及润滑状态等）都有关系。磨损会使摩擦表面产生多种形式的破坏[5]。

3.2.2　磨损过程

机械零件的正常磨损过程大体可分为三个阶段（见图3-2）：

（1）跑合（磨合）阶段。在一定的载荷作用下，摩擦表面逐渐磨平，实际接触面积逐渐增大，开始时磨损速度很快，然后减慢，如图中 oa 线段。

（2）稳定磨损阶段。"跑合"之后，摩擦表面发生加工硬化，微观几何形状发生改变，从而建立了弹性接触条件，这时磨损稳定下来，磨损量与磨损时间成正比，如图中 ab 线段。

（3）急剧磨损阶段。在稳定磨损阶段之后，摩擦条件发生了较大改变（例如温度急剧升高，金属组织发生变化等），导致磨损速度急剧增加。此时零件使用效率下降、精度降低，会出现异常的噪声及振动，最后导致零件完全失效。从磨损的过程来看，应该尽量延长稳定磨损阶段的时间，以提高设备零件的使用寿命[6]。

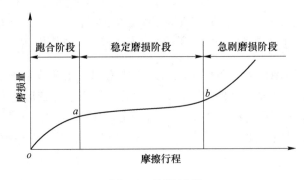

图 3-2　磨损过程

3.2.3　磨损类型

根据摩擦的破坏形式，磨损类型有所不同。可以从不同的角度来对磨损进行分类，但比较常用的方法是基于磨损的破坏机理，一般可分为五类：

（1）黏着磨损。摩擦副相对运动时，由于固相焊合，接触点表面的材料由一个表面转移到另一个表面的现象称之为黏着磨损。其特点是接触点黏着剪切破坏[7]。

（2）磨料磨损。在摩擦过程中，由于硬的颗粒或硬的凸出物的作用，而引起材料脱落的现象。其特点是磨料作用于材料的表面，而产生材料表面的破坏[8]。

（3）表面疲劳磨损。两接触表面做滚动或滚动滑动复合摩擦时，由于周期性载荷的作用，使表面产生应力与变形，从而导致材料表面出现裂纹和分离出微片或者颗粒的磨损，即为疲劳磨损。其特点为表面或次表面受到接触应力的反复作用而产生疲劳破坏[9]。

（4）腐蚀磨损。在摩擦过程中，金属同时与周围介质发生化学或电化学反应，产生材料损失现象，即为腐蚀磨损。其特点是有化学反应或电化学反应的腐蚀破坏[10]。

（5）微动磨损。两接触表面相对低振幅振荡而引起表面复合磨损，此时所出现的材料损失现象称之为微动磨损[11]。

当然，除了上述五种主要磨损类型，还有一些其他的磨损类型，例如冲蚀磨损、热磨损等。冲蚀磨损是指流体束冲击固体表面而造成的磨损，它包括颗粒流束冲蚀、流体冲蚀、气蚀和电火花冲蚀。热磨损是指在滑动摩擦时，由于摩擦区温度升高使金属组织软化，而出现表面"涂抹"、转移和摩擦表面微粒的脱落[12]。

3.2.4 磨损机理

3.2.4.1 黏着磨损机理

当两个纯净的金属表面被压接到原子键力范围之后，将发生焊合在一起的现象，即金属的黏着。例如把一块钢压在一块黄铜上，经过一段时间后把它们分开，用显微镜观察，可看到在钢的表面上有黄铜的痕迹。这说明钢和黄铜表面相互接触时，由于表面不平而发生点接触。在真实接触面上，表面间距离很近时，表面上原子的电子发生转移或电子云重叠形成化学键或氢键，产生很强的短程吸引力，在这种强短程表面力的作用下发生表面间的黏着。在金属材料成形过程中，由于金属的塑性变形，使新生表面不断出现，随着温度的升高和压力的加大，在摩擦面上润滑膜被破坏，工具与变形金属直接接触，而产生金属的黏着。

摩擦副在相对滑动和一定载荷作用下，在接触点发生塑性变形或剪切，使其表面膜破裂，摩擦表面温度升高，严重时表层金属会软化或熔化，此时接触点产生黏着。然后出现黏着-剪断-再黏着-再剪断的循环过程，这就形成黏着破坏（或黏着磨损）。

根据黏着程度的不同，黏着磨损被分为以下几种类型：

（1）轻微磨损。剪切发生在黏着表面上，且表面转移的材料极轻微。

（2）涂抹。剪切发生在软金属的浅层里，并转移到硬金属的表面上。

（3）擦伤。剪切发生在软金属接近表层的地方，硬表面可能被划伤。

（4）撕脱。剪切发生在摩擦副一方或者两方金属较深的地方。

（5）咬死。摩擦副之间咬住，不能做相对运动。

在金属材料成形过程中产生黏着是非常有害的，不仅增大摩擦力，而且会损伤金属材料的表面。在成形过程中工具与变形摩擦面上形成金属黏着，一般经过四个阶段：

（1）表面膜破坏。由于变形金属表面积增加、温度升高及接触面压力增加等原因，使润滑膜、氧化膜或者吸附膜等局部破坏。

（2）接触焊合。袒露的新鲜基体金属与工具紧密接触而产生相互焊合。

（3）剪切断裂。由于相对滑动在金属表面附近产生激烈的剪切变形，表层黏着点发生断裂或出现裂纹。

（4）表面损伤。黏着点的金属转移到工具的表面或者脱落，而形成金属材料的表面损伤。

图3-3为黏着磨损模型。若摩擦面上方为硬金属材料，下方为软金属材料，当摩擦面接触时，硬金属材料微凸体会压向软金属材料。

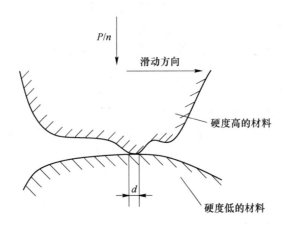

图3-3　黏着磨损模型

假设摩擦面上有 n 个微凸体相接触，其中一个微凸体以屈服应力 σ_s 与另一方相接触。假设微凸体是圆锥形，其接触面的平均直径为 d，则全载荷 P 为

$$P = n\frac{\pi d^2}{4}\sigma_s \tag{3-1}$$

假设一个微凸体受到了磨损，新的微凸体又会接触。设总共有 N 个接触点存在，则在滑动单位距离时，接触面的微凸体（以直径 d 为单位）总计受到 $n \times (1/d)$ 次的摩擦。如果微凸体每摩擦一次，直径为 D 的半球状摩擦微粒便会在黏着的作用下脱落掉，这时滑动距离 L 之间的总磨损量是

$$W = \frac{1}{12}\pi d^3 \cdot n\frac{1}{d} \cdot L \tag{3-2}$$

将 P 代入，则

$$W = \frac{1}{3} \cdot \frac{PL}{\sigma_s} \tag{3-3}$$

上式表明，总的磨损量与载荷及滑动距离成正比，而与屈服应力成反比（或者说与软材料的硬度成反比）。显然，上述公式只作为研究滑动摩擦时定性分析磨损的参考，因为还有许多重要因素没有包括在内。

影响黏着的因素多种多样，其中包括：

（1）塑性变形。随着金属塑性变形的进行，变形金属的表面积不断增加，在接触面上，这种新增加的纯净金属表面，若无润滑剂的及时修补，将发生金属间的直接接触，使

黏着的概率增大。

（2）摩擦面温度。摩擦面上的温度达到由润滑剂和材料决定的临界温度时将发生黏着现象，临界温度随润滑剂、材料以及氧化剂的性质而异。一般认为，使金属表面上定向吸附的分子失去取向的温度或者润滑剂表面膜的熔点就是临界温度。

（3）膜厚比。膜厚比指润滑膜厚度与摩擦两表面综合粗糙度的比值。由膜厚比可以推定两表面间的接触状态，推测流体润滑膜的破坏度，当膜厚比小于其临界值时，润滑膜破坏，发生金属间的直接接触，进而产生黏着。

（4）成形速度。随着成形速度的增加，摩擦面的温度升高，润滑油的黏度降低，油膜的厚度减少，甚至造成表面吸附分子取向性丧失，促进黏着的发生。另一方面，随着成形速度的增大，润滑油的导入量增多，油膜厚度增大，防止金属间直接接触，限制黏着现象的发生。综上所述，成形速度对黏着的影响，最终要分析哪种作用占主导[13]。

3.2.4.2　磨料磨损机制

磨料磨损是粗糙硬表面把软的工作表面划伤，或者两接触面受外界硬颗粒划伤。同样，对于磨料磨损的分类也很多，现介绍以磨损体相互位置来分类，分为二体磨料磨损和三体磨料磨损（见图 3-4）。

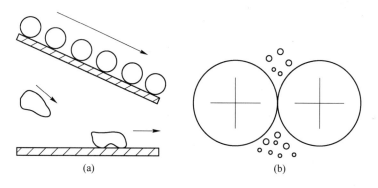

图 3-4　磨料磨损示意图
（a）二体磨料磨损；（b）三体磨料磨损

（1）二体磨料磨损。磨料对材料表面产生高应力碰撞，使金属表面磨出较深的沟槽，并从材料表面凿削下大颗粒的金属。

（2）三体磨料磨损。磨料与金属表面接触处的最大压应力大于磨料的压溃强度，使金属表面被拉伤。对于韧性材料，则表面产生塑性变形或疲劳；而对于脆性材料，则产生碎裂或剥落。

材料的磨料磨损机理是属于磨粒的机械切削作用，它与磨粒的成分与组织性能、磨粒的特性（硬度、粒度、形状、大小等）、磨损的工况条件（载荷、速度、温度、湿度等）等有关。即磨料磨损机制与整个摩擦系数特性有关。

图 3-5 为磨料磨损简化模型，其中一个表面是由一系列较硬圆锥形粗糙微凸体组成，圆锥半角 θ；而另一表面是由较软而平坦的材料构成。

设每一个单独的粗糙微凸体在软表面上划出一条痕迹，在移动一个单位距离时，其转移的材料体积为 rd。由于 $d = r\cot\theta$，因此一个粗糙微凸体在单位移动距离内转移的材料体

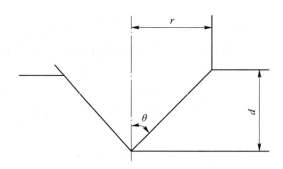

图 3-5　圆锥形硬微凸体引起的磨料磨损简化模型

积等于 $r^2\cot\theta$。

假设材料在法向载荷下屈服，则每个粗糙微凸体支承的载荷为 $\pi r^2\sigma_s/2$，其中 σ_s 是软材料的屈服应力。

如果有 n 个粗糙微凸体进行接触，则总的法向载荷为

$$P = (\pi r^2\sigma_s/2)\,n \qquad (3\text{-}4)$$

单位移动距离内材料的总转移体积为

$$W = nr^2\cot\theta \qquad (3\text{-}5)$$

$$W = \frac{2P\cot\theta}{\pi\sigma_s} \qquad (3\text{-}6)$$

上式是根据极其简单的模型推导出来的，对于粗糙微凸体的高度和形状的分布都简化了，如果以 H 代替 σ_s，以 $K_a = \dfrac{2}{\pi}\cot\theta$ 代入，则上式可变为

$$W = K_a P/H \qquad (3\text{-}7)$$

式中　H——软材料的硬度；

　　　K_a——磨料磨损系数。

可以看出，磨料磨损与黏着磨损有一些相似之处，即磨损率 W_v 与载荷成正比，与软材料屈服压力或硬度成反比。

当磨料磨损进行时，硬的粗糙微凸体或破碎微粒将在一定程度上变钝，因此磨损率就会降低。但是，脆性的磨料颗粒可能碎裂，使微粒边缘变得锐利，因而磨损率又可能增高[14]。

3.2.4.3　表面疲劳磨损机理

表面疲劳磨损是指摩擦时表面有周期性的载荷作用，使接触区产生大的变形和应力，重复的加载常常在接触表面内部产生微裂纹，微裂纹在随后的加载、卸载过程中扩大，当微裂纹达到一定临界尺寸时，它将改变方向而露出表面，结果造成板状颗粒从表面脱离，若脱离的颗粒较大，则称之为剥落或形成微坑。疲劳裂纹一般是在固体有缺陷的地方最先出现，这些缺陷可能是机械加工时的毛病（如擦伤等）或材料在冶金过程中造成的缺陷（如气孔、夹杂物等）。疲劳裂纹还可能在金属相间和晶界处形成。齿轮副、滚动轴承、轧辊、模具等比较容易出现表面疲劳磨损。

表面疲劳磨损可分为两大类：

（1）非扩展性的表面疲劳磨损。在某些新的摩擦表面，由于接触点少，其单位面积上的压力较大，可能产生小麻点。随着接触面的扩大，单位面积的实际压力降低，小麻点停止扩展。特别是塑性较好的金属表面，因加工硬化提高了表面强度，使小麻点不能继续扩展，机器可继续正常工作。

（2）扩展性的表面疲劳磨损。当作用在两接触面上的交变压应力较大，并且材料的选择和润滑不合适时，在材料表面会生成小麻点。小麻点会在或短、或稍长的时间内发展成痘斑状凹坑，导致零件与工具迅速失效。

疲劳磨损理论第一次把表面几何特性、表面机械特性和输入特性（载荷、温度等）与磨损联系起来，该理论是以接触不连续和接触载荷分布不均匀的概念为基础的。

针对表面疲劳磨损下方应力场的研究，对了解表面疲劳裂纹的形成有至关重要的作用。静弹性接触的赫兹理论表明：最大压应力发生在表面；最大单向剪应力则在表面下方某一距离处。在滚动接触条件下，重要的应力参数是最大交变剪应力，它比最大单向剪应力更接近表面。若接触面承受相当大的表面牵引力，则这些剪应力最大值的位置就发生变动，并向表面区移动。

在滑动摩擦的研究中，微凸体触点表面下区域内的弹塑性应力场可能与位错相互作用。Suh 提出了一种"剥层磨损理论"，这个理论根据以下一系列过程来解释片状磨粒的产生：交变应力作用—应力集中（位错堆积）—形成空穴—空穴汇合—裂纹形成—裂纹增长—裂纹交织—片状磨粒—脱落。

表面疲劳磨损的影响因素还包括表面形貌、表面层下应力增高、载荷分布、弹性流体动力学和切向力[15]。

3.2.4.4 腐蚀磨损机理（摩擦化学磨损）

腐蚀磨损即在摩擦时材料与周围介质发生化学或电化学相互作用产生的磨损，又称摩擦化学磨损。金属与气体（特别在高温时）在非电传导液体介质中接触时，则发生化学腐蚀，这时金属与介质直接相互作用而不产生电流。金属与电解质（酸、盐水溶液等）相接触时，则发生电化学腐蚀，这时介质与金属的相互作用可分为两个独立而又相联系的过程，即金属某一部分溶解的氧化和还原过程，同时金属的溶解过程伴随着电流出现。

由于介质的性质和作用在摩擦面上的状态和摩擦材料性质的不同，腐蚀磨损出现的状态也不同，可区分为三类：

（1）氧化磨损。因大气中含有氧，所以氧化磨损是最常见的一种磨损形式，其损坏特征是在金属的摩擦表面上有沿滑动方向的匀细磨痕。除金、铂等少数金属以外，大多数金属表面都被氧化膜覆盖，纯净金属的表面，会在瞬间与空气中的氧气发生反应，生成单分子层氧化膜，膜的厚度将逐渐增大，其增长速度随时间成指数规律地减小。脆性氧化膜的磨损速度大于氧化速度，容易因磨损而消除。而韧性氧化膜与基体结合牢固，磨损速度小于氧化速度，这时氧化膜起到保护作用，减小磨损率。例如氧化铁属脆性，磨损快；氧化铝属韧性，磨损慢。

氧化磨损的影响因素有：滑动速度、接触载荷、氧化膜的硬度、介质的含氧量、润滑条件及材料性能等。通常情况下，氧化磨损率比其他磨损轻微得多。

（2）特殊介质腐蚀磨损。由摩擦副与酸、碱、盐等特殊介质发生化学腐蚀作用，而形成的磨损称为特殊介质腐蚀磨损。其磨损机理与氧化磨损相似，但磨损速度较快。有些元素，如镍、铬在特殊介质作用下，容易形成化学结合力较高、结构致密的钝化膜，从而减轻腐蚀磨损。钨、钼金属在500℃以上，表面生成保护膜，使摩擦系数减小，故钨、钼是抗高温腐蚀磨损的重要金属材料。此外，硬质合金也具有高抗腐蚀磨损的能力。

（3）气蚀。当零件与液体接触并有相对运动时，会产生气泡；气泡是由于液体与零件接触处的局部压力比其蒸发压力低而形成的，同时溶解在液体中的气体也可能析出形成气泡。如果这些气泡流到大于气泡内压的高压区，气泡在压力下破灭，会瞬间产生极大的冲击力和高温。气泡的形成和破灭的反复作用，使零件表面的材料产生疲劳而逐渐脱落，呈麻点状，随后扩展至泡沫海绵状，这便是气蚀。严重气蚀时，其扩展深度很快，最大深度可达20mm。气蚀往往不是单纯由机械作用所造成的破坏，而是一种复杂的破坏现象，液体的化学及电化学作用、液体中含有磨料等都会加剧这一破坏过程[16]。

3.2.4.5　微动磨损机理

微动磨损是一种典型的复合式磨损，它是由两个表面之间很小振幅（1mm以下）的相对振动而产生的磨损；如果在微动磨损过程中起主要作用的是两个表面之间的化学反应，可称为微动腐蚀磨损。

微动磨损过程：接触压力—表面塑性变形与黏着—小振动黏着点剪切脱落—新金属露出—脱落的颗粒与新表面又氧化；这些氧化物不易排出，在摩擦面起着磨料磨损的作用，如此循环不止。若振动应力很大，微动磨损处能形成表面应力源，由疲劳裂纹发展引起完全的破坏。综上所述，微动磨损的主要特征是摩擦表面存在着大量磨损产物，即磨屑，而磨屑是由大量的氧化物组成，这是微动腐蚀磨损的主要影响因素。图3-6为金属表面的微动磨损原理示意图。

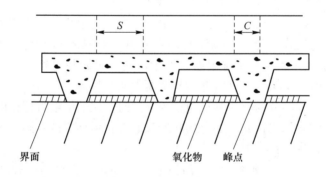

界面　　　　　　　　　　　　氧化物　峰点

图3-6　金属表面的微动磨损原理示意图

微动磨损的影响因素包括：

（1）相对滑动振幅。接触表面的相对滑动是产生微动腐蚀的必要条件。很小的滑动振幅已足够产生明显的破坏源，随着滑动振幅的增加，其磨损量也增加。一般说来，在微动腐蚀时磨损量与滑动振幅成正比，但通常观察中发现也有呈抛物线的关系。

（2）接触压力。微动磨损发生在非常小的压力条件下；事实上载荷对微动腐蚀的影响是比较复杂的，因为在实际工作过程中接触压力不是固定不变的，这是由接触表面原始的微观痕迹发生变化和磨损产物的形成造成的。

（3）外界介质。主要是气体和湿度：在空气中比真空、氮气中磨损大，氧气中比空气中大；湿度大对磨损有两种说法，一是磨损减少，二是磨损增大一定值后下降。在空气中比湿气中磨损大几倍。

（4）润滑剂。润滑剂可减少磨损。

（5）材料。不同的材质磨损的情况不同[17]。

3.3 金属材料成形中的润滑理论

在适当的条件下，变形金属与工具表面可以被一层流体润滑膜所隔开，膜厚比表面凸起尺寸要大得多。此时，由流体的压力平衡外载，流体层中的分子大部分不受金属表面原子引力场的作用，可以自由地相对剪切运动，这种润滑状态通常称为流体润滑。由于两摩擦表面不直接接触，当它们相对运动时，外摩擦就转变为流体的内摩擦，摩擦大小完全取决于流体的性质，而与两摩擦面的材质无关。流体润滑的主要优点是摩擦阻力小，其摩擦系数可低至 0.001 ~ 0.008。根据流体润滑膜压力产生的原因，流体润滑可分为流体动压润滑与流体静压润滑两种。除了流体动压润滑外，金属塑性成形中还存在边界润滑和固体润滑膜，都对成形过程中的润滑有重要影响。

3.3.1 流体动压润滑

流体动压润滑是依靠摩擦副两个滑动表面的形状，在其相对运动时，形成产生动压效应的流体膜，从而将运动表面分隔开的润滑状态。流体动压润滑是借助于黏性流体的动力学作用，由摩擦表面的几何形状以及相对运动产生润滑油膜压力，作为流体动压润滑理论的基本方程是雷诺方程。大多数情况下，油楔效应为流体动压润滑时产生油膜压力的主要原因。

在轧制与拉拔变形方式中，由于摩擦表面具有逐渐收敛的楔形间隙及较大的相对运动速差，因而产生较强烈的油楔效应，并出现流体动压润滑状态的可能性较大。例如，高速冷轧及拉拔时摩擦系数分别仅为 $\mu = 0.02 ~ 0.08$ 及 $0.04 ~ 0.09$，就是出现了流体动压润滑之故。然而，影响流体润滑状态形成的因素很多，也较复杂，以致金属材料成形过程中较难出现完全的流体动压润滑状态[18]。

3.3.2 流体静压润滑

流体静压润滑是利用专用外界的流体装置，使流体产生压力，并将具有压力的流体输入到摩擦表面，将两摩擦表面用一层静压流体膜分开以支持外载荷的润滑。在金属材料成形中完全利用流体静压润滑作用的加工方式有静液挤压等。静液挤压优于一般液压机械挤压。首先，在锭坯与挤压筒壁之间毫无摩擦，而且由于高压液体介质模具与变形金属界面上形成一层油膜，起到润滑作用，使总挤压力进一步降低。静液挤压时的总压力比反向挤压时的压力还要低得多。其次，在静液挤压时，由于模具周围有液体介质压力的作用，因此可以使用薄壁模具。同时，由于润滑良好，使得模具的磨损很小，从而可以获得高精度的挤压材。最后，由于挤压筒壁与金属坯料之间摩擦大幅减小，从而使金属流动均匀，并能加工一般挤压法难以加工的材料（如热黏着性大的钛材以及变形抗力大的高速钢材等）。

但是，在金属材料成形条件下，由于种种原因，在加工模具与变形金属的接触界面上，往往只是在局部区域出现流体静压润滑，形成所谓的"半连续流体润滑状态"。较常见的三种半连续流体润滑状态及其产生原因如下：

（1）变形金属表面波纹的波峰或表面凸起与工具接触处形成边界润滑区，而凹谷部分成为"润滑小池"，形成不连续的流体滑区。

（2）在润滑剂效果不好、压力较大等不利条件下，上述边界润滑区转换成黏着（焊合）区，而凹谷处仍为"润滑小池"。

（3）由于变形不均匀，局部金属表面凹陷，或由于工具弹性变形不一，金属表面下凹，从而在局部区域形成"润滑小池"[19]。

3.3.3　边界润滑

润滑表面被性质与润滑剂体积性质不同且仅为几个分子（通常在 $0.1\mu m$ 以下）的润滑膜所隔开的润滑状态称为边界润滑。此时，摩擦特点既受润滑剂性质的影响，也受膜下金属表面性质的影响，其摩擦系数范围一般为 $0.05\sim0.15$。这种润滑状态易出现于高压、低速的工作条件下，是金属材料成形中较常见的一种润滑状态。

边界润滑按其成膜机制通常有如下几类。

3.3.3.1　非极性分子的物理吸附膜

一般矿物油，如机油、锭子油、汽缸油及齿轮油等，均为非极性烃类有机化合物（ $C_nH_{2(n+1)}$ ）。这类油的分子是非极性分子，当它们与金属表面接触时，由于本身没有永久偶极，只靠在分子内部由电子与原子核发生不对称运动而产生的瞬时偶极与金属相吸引，黏附在金属表面，形成润滑油膜。由于矿物油与金属表面不发生任何化学反应，因此纯属物理吸附。在这种情况下，润滑膜对金属表面的吸附力及其本身分子间的内聚力都很弱。因此，膜的强度很低，几乎不具有边界润滑的能力。十六烷（ $C_{16}H_{34}$ ）虽然黏度不小，但即使在室温下，其边界润滑能力也很弱。

3.3.3.2　极性分子的物理吸附膜

在金属材料成形中使用的另一类润滑剂——脂肪酸、脂肪酸皂、动植物油脂、酯及高级醇类等，是含有氧元素的极性有机化合物。在它们的分子内部，一端为非极性的烃基，另一端则是极性基。这种具有永久偶极的分子与金属表面接触时，永久偶极端与金属原子核相吸引，而排斥其电子，从而使金属原子负电荷中心不重合，形成诱导偶极。永久偶极与诱导偶极互相吸引，使极性分子的极性端与金属表面吸引，而使非极性端朝外，定向地排列在金属表面上。

极性分子在金属表面上的定向作用，不但形成单层的定向列分子，还因为极性分子的相互吸引，而会形成多层的定向分子，使吸附层延伸得更远一些，成为几个分子厚的边界润滑膜。

由于极性分子的极性端与金属表面的吸附比较牢固，而非极性端之间结合力弱，易成为摩擦时的滑移面。由于极性端的存在、分子间内聚力的增强以及实际变形金属的高表面活性等影响，这种物理吸附膜的强度与润滑能力大幅高于非极性分子的物理吸附膜。

3.3.3.3　极性分子的化学吸附膜

在物理吸附情况下，由于润滑膜与变形金属表面的吸附强度较弱，在较低温度及压力下即可能出现解吸和破裂。

表面活性物质在一定条件下能与金属表面发生化学反应，出现化学吸附。试验表明，当金属表面上有氧化膜，且能与脂肪酸等极性物质起反应生成脂肪酸皂等物质时，润滑膜能与金属表面结合牢固，并能表现出好的润滑效果。

由于脂肪酸皂（盐）一类物质的熔点比原脂肪酸高，故解吸温度较高，润滑膜耐热性较好。例如硬脂酸（$C_{17}H_{35}COOH$）在铁表面上化学吸附形成的单分子层硬脂酸皂膜的附着力就较强。而且化学吸附反应不可逆，所以使得边界润滑能力进一步增强。

试验表明，用脂肪酸涂在未氧化的铜材表面上，加热到100℃进行拉伸，不仅摩擦系数很大，而且出现黏滑现象；当涂在经氧化的铜材表面，加热至100℃进行拉伸时，摩擦系数则降至0.1以下。但若温度升高，又发现摩擦系数加大，这是由于此时铜皂膜已失去了润滑作用。

3.3.3.4 化学反应的厚无机盐膜

对于变形抗力较大的高碳钢、合金钢以及不锈钢等，在冷加工的极压条件下，上述各种边界膜都会破裂。为此，必须在油中加入某些极压添加剂，如氯化石蜡（含氯量38%～40%）、硫化矿物油及硫化油酸等。润滑油中所含的硫、氯添加剂在常温下不发生作用，当温度升高时，则与金属反应生成表面膜。

有色金属加工中，由于硫及其他卤族元素具有一定腐蚀性，易使制品表面出现腐蚀斑点，同时对人体也有一定危害，所以一般不使用，而多以石墨、二硫化钼等固体润滑剂来起到极压剂的作用[20]。

3.3.4 固体润滑膜

在加工某些难加工合金（如高碳钢、不锈钢、钨、钼、钽、铌、钒、锆、铪等）时，使用含有油性添加剂甚至极压添加剂的润滑油，往往很难满足要求，而必须预先对金属表面进行处理，形成润滑底层，然后配合使用固体润滑剂，在表面再形成一种固体润滑膜。

金属表面的润滑底层可以用物理、化学或机械的方法形成。根据不同金属的性质，采用不同方法，获得有效的表面处理膜。例如，拉拔碳素钢通常是用石灰、硼砂、锈化物（氢氧化铁）以及磷酸盐等处理而形成润滑底层；不锈钢及合金钢通常是用石灰加食盐、石灰加牛油以及草酸盐等处理而形成润滑底层。但一般认为在钢件冷加工中，磷酸盐膜及草酸盐膜用得最广，不仅润滑效果好，同时也使产品具有防锈性。此外，可以在有些金属（如稀有金属）的表面上镀一层软金属（如铜等）以作润滑底层。有些金属则可以使其表面形成轻微氧化膜，如在钛、铌、钒丝拉拔前采用短时接触通电加热，这样既可生成理想的均匀氧化膜，又可使金属获得一定程度的软化。

对于作为润滑底层的表面处理膜，要求能与基体金属牢固结合，基体塑性变形时不破裂，有较好的耐压、耐磨与耐热性质。同时，希望处理膜表面孔隙多，表面积大，对润滑剂有较强的吸附能力，从而能有效地成为润滑剂的载体，达到良好润滑的目的。

经表面处理的坯料，加工时也可配合使用乳化液或润滑油进行湿式润滑，但较多情况是使用粉状固体润滑剂（肥皂粉、石墨及二硫化钼粉末），或把固体粉末与油脂混合成糊状（或乳状）润滑剂使用。

在金属材料成形中，石墨与二硫化钼固体润滑剂用得较多，使用方法有：直接使用干粉，并常与皂粉混合；与其他油脂调成糊状，黏附到坯料表面配制成专用乳剂（油剂或水剂）。在使用时最好对坯料表面进行预处理，以提高它们的使用效果[1]。

3.4　本 章 小 结

金属材料成形中的摩擦学理论揭示了塑性成形过程中摩擦产生的理论原因，说明了摩擦磨损发生的过程和影响因素，阐述了在塑性成形中润滑的作用机理；这些都为解决实际问题提供了理论基础。

在金属材料成形中遇到的摩擦学的问题，往往涉及各种错综复杂的因素，涉及多门学科，例如流体力学、固体力学、流变学、热物理、应用数学、材料科学、物理化学、化学和物理学等内容。因此多学科的综合分析是摩擦学研究的显著特点。

而摩擦学理论是解决塑性成形中摩擦问题、制定合理工艺的基础。如果没有摩擦学理论知识为基础，就很难在实际生产实践中对摩擦造成的问题做出准确的判断。因此，对摩擦学理论的研究至关重要[21]。

习题与思考题

3-1　从物理-化学的角度分析，摩擦力由哪几部分组成，各部分是如何产生的？

3-2　从成形力学的角度分析，摩擦力分为几个部分，各部分受到什么因素影响，摩擦力各部分在影响因素下如何变化？

3-3　列举常见的五类磨损。

3-4　发生黏着磨损时，磨损量与哪些因素有关，这些因素是如何影响黏着磨损的磨损量的？

3-5　通过计算说明磨料磨损与黏着磨损的相似之处。

3-6　表面疲劳磨损分为哪两类，它们之间有什么异同？

3-7　腐蚀磨损分为哪三类？根据介质的性质、介质作用在摩擦面上的状态和摩擦材料性质的不同，它们之间有什么区别？

3-8　简述微动磨损的发生过程，并说明各个过程中影响微动磨损磨损量大小的因素。

3-9　简述金属成形中的流体动压润滑理论。

3-10　在金属加工中，发生流体静压润滑有什么优点，如何产生流体静压润滑？

3-11　边界润滑按其成膜机制通常可分为哪几类，它们分别是如何形成的？

3-12　列举加工过程中常见的固体润滑膜，分析它们的作用。

参 考 文 献

[1] 温景林. 金属材料成形摩擦学 [M]. 沈阳：东北大学出版社，2000.

[2] 储灿东，彭颖红，阮雪榆. 连续挤压成形过程仿真中的摩擦模型 [J]. 上海交通大学学报，2001（7）：993-997.

[3] 常丽丽. 变形镁合金 AZ31 的织构演变与力学性能 [D]. 大连：大连理工大学，2009.

[4] 詹武，闫爱淑，丁晨旭，等. 金属摩擦磨损机理剖析 [J]. 天津理工学院学报，2001（S1）：19-22.

[5] 林敏. 基于计算接触力学的磨损仿真分析 [D]. 广州：广东工业大学，2006.

[6] 戴中涛. 摩擦磨损润滑学基础知识（一）[J]. 润滑与密封，1980（2）：45-59.

［7］ 费斌，蒋庄德．工程粗糙表面黏着磨损的分形学研究［J］．摩擦学学报，1999（1）：79-83.

［8］ 桂长林，沈健．摩擦磨损试验机设计的基础：Ⅰ．摩擦磨损试验机的分类和特点分析［J］．固体润滑，1990（1）：48-55.

［9］ 温诗铸．材料磨损研究的进展与思考［J］．摩擦学学报，2008（1）：1-5.

［10］ 屈晓斌，陈建敏，周惠娣，等．材料的磨损失效及其预防研究现状与发展趋势［J］．摩擦学学报，1999（2）：92-97.

［11］ 陈沛．盾构机刀盘驱动大轴承设计研究［D］．成都：西南交通大学，2010.

［12］ 高辉辉．微型汽车离合器摩擦磨损性能及其机理的研究［D］．武汉：武汉理工大学，2008.

［13］ 石全强．SUS430 铁素体不锈钢冷连轧润滑工艺研究［D］．沈阳：东北大学，2011.

［14］ 阿斯耶姆·肖开提，秦文斌，买买提江·马木提．浅谈金属材料硬度、工作温度及工作载荷对摩擦磨损的影响［J］．科技视界，2014（18）：198-310.

［15］ 洪旗．装载机驱动桥主传动失效分析和可靠性增长的研究［D］．杭州：浙江大学，2012.

［16］ 王峰．图像处理技术在铁谱磨粒图像分析中的应用研究［D］．武汉：武汉理工大学，2005.

［17］ 魏春源．高等内燃机学［M］．北京：北京理工大学出版社，2001.

［18］ 臧勇，张新其，谢志伟．薄壁铜管游动芯头拉拔过程拉拔力影响因素分析［J］．塑性工程学报，2010，17（3）：143-147.

［19］ 阮少军，费逸伟，吴楠，等．润滑剂润滑机理分析［J］．化工时刊，2017，31（8）：38-42.

［20］ 赵振铎，赵国群，贾玉玺．金属板料冲压加工中的摩擦与润滑研究［J］．航空工艺技术，1999（1）：10-13.

［21］ 温诗铸，黄平．摩擦学原理［M］．3 版．北京：清华大学出版社，2008.

4 金属材料成形摩擦学测试技术

金属材料成形是通过工模具将外力施加到工件上，利用工件的塑性，使其尺寸、形状达到预定要求的加工工艺[1]。模具与工件表面之间或是存在着机械的相对运动，或是存在变形金属的塑性流动，因此不可避免地存在着摩擦。金属材料成形过程中，模具与工件间接触表面的摩擦是一种复杂的物理现象，其对成形工艺的可行性及制品质量至关重要。在很多情况下需要了解工模具与变形金属之间接触界面上的摩擦与润滑状态[2]，因为它与变形过程的顺利进行、加工制品的表面与内部质量、工模具寿命以及变形能力的消耗都密切相关。通常用摩擦系数来评价摩擦的大小与润滑状态的好坏。因此，多年来许多学者提出了一些评价工模具与变形金属接触面上的润滑状态以及测量摩擦系数的方法。

4.1 润滑状态观察方法

"摩擦"与"润滑"是金属材料成形过程中，对整个工艺影响最大的两个因素。润滑的原理是给一个滑动的负荷提供一个减摩的油膜，从而起到减小摩擦、改善表面质量的作用，如图4-1所示。在绝大多数的情况下，金属在加工过程中与设备工具之间的摩擦都会对金属加工带来很不好的影响，只有一小部分的摩擦会对金属加工起到帮助。因此，润滑剂的使用在整个金属加工过程中都会起到至关重要的作用[3]。塑性成形过程中的润滑状态，根据润滑液隔开两表面的油膜厚

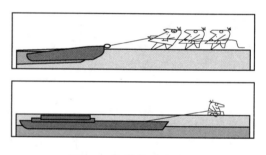

图 4-1 润滑的减摩油膜

度，可分为流体润滑状态、边界润滑状态以及干摩擦（无润滑）状态[4]。然而，由于在实际塑性变形过程中摩擦条件的复杂性与多变性，在整个接触界面上只出现一种润滑状态的情况较少，一般都表现为以某种状态为主的混合摩擦润滑状态。下面简要介绍一些常用的观察与测量塑性成形过程中摩擦与润滑状态的方法。

（1）直接观察。一般情况下，直接观察接触界面上的摩擦与润滑状态是十分困难的。有时为了研究界面上润滑剂的润滑状态，需要使用透明的工模具，并采用透镜等光学系统进行观察。例如，有人为研究深冲模面上的润滑剂行为，便采用透明玻璃钢模，并从外面通过光学系统进行观察。由于润滑剂中添加有二硫化钼微粒，通过观察这些微粒在润滑剂中的状态，可以确定凹模内各部位的润滑状态。同理，此法也可用于诸如拉拔、镦粗等变形过程[5]。为了观察方便，常在润滑剂中加入带有颜色的微粒，便于直接观察润滑剂在实际使用过程中的润滑效果。

（2）测量油膜厚度。在高速、重载、高温条件下，摩擦、磨损会加剧，继而会对工

件及工具产生不好的影响，甚至引起工件工具失效。润滑是减少摩擦与磨损的简便而有效的方法[6]，对摩擦副间微小区域内的油膜厚度进行直接测量至关重要。确定变形区中润滑层的厚度，不但可定量估计润滑剂的供给量，更重要的是可判定润滑剂的润滑效果。但在变形区内，随着宏观变形程度的增加，金属表面的细微结构，如表面粗糙度等不断地变化，这不仅使得坯料表面的油膜厚度发生变化，而且在表面的凸峰与凹谷处的实际厚度也各不相同。因此，通常所测定的油膜厚度为变形区内的平均厚度，较常用到的测定方法有称重法、滴液法、电阻法、电容法（可测平均膜厚）、光纤检测法（精准测量）等。其中，光纤检测法利用光纤位移传感器进行测量。解决了其他方法无法消除的电磁干扰、使用寿命短、不耐高温、不耐腐蚀等问题，实现了油膜厚度的精密检测。

（3）观测制品表面状态。加工制品的表面状态最直接地反映了加工过程中的润滑状态。表面缺陷不仅会破坏产品的美感和舒适度，还可能对产品的性能造成严重损害。常用的观测制品表面状态的方法有三种，分别是肉眼观察、显微组织观察以及粗糙度测量。

1）肉眼观察。对于用眼睛可直接观察的制品表面，如果表面光洁，没有看到黏着损伤及划痕，则认为润滑剂发挥了作用并取得了不错的效果；如果表面某处发暗，往往是因为该处处于油膜较厚的流体润滑状态，此时加工率越大，塑性粗糙化越严重；如果有较严重划伤、黏着损伤或工具压印，一般为润滑状态不佳，接近半干摩擦。

2）显微组织观察。可以使用光学显微镜或者扫描电子显微镜进行观察。试验表明，用光学显微镜观察制品表面时，白色反光区域为与工模具接触或直接受到工具作用的部分；黑色区域则为金属表面上被润滑剂填充的凹陷部分。如果表面反差度大，则可以由此法测出工具与金属的接触率。

3）粗糙度测量。表面粗糙度（surface roughness）是指加工表面具有的较小间距和微小峰谷的不平度。其两波峰或两波谷之间的距离（波距）很小（在1mm以下），属于微观几何形状误差。表面粗糙度越小，则表面越光滑。一般来说，为厚流体润滑膜时，制品表面变得更粗糙；为边界润滑膜时，制品的粗糙度比坯料小，甚至接近工具表面的粗糙度。

（4）由加工力反推。在接触界面摩擦规律服从库仑定律的前提下，理论分析导出的各种变形力计算公式中，一般都含有摩擦系数 μ 这个参数。所以，从理论上讲，都可以通过测量变形力来反推出摩擦系数，进而推断接触表面的摩擦润滑状态。但是，由于各类公式建立时，对接触表面的摩擦规律作了某些近似假设，加上实际变形过程中不均匀变形等复杂因素影响，因此能较准确地反推出摩擦系数的变形力计算公式并不多。

（5）变形体的变形与流动速度分布推断。摩擦促使工件不均匀变形，圆柱体镦粗时变成鼓形就可以通过形成鼓形的程度体现接触端面的摩擦润滑状态的差异。在变形区内金属质点流动不对称的变形过程中，也可利用分流面位置的变化情况进行摩擦润滑状态的推断。

4.2　摩擦系数及其影响因素

两个物体之间的摩擦力与其法向压力之比值为摩擦系数。有静摩擦系数和动摩擦系数之分。同一摩擦副在相同条件下，静摩擦系数大于动摩擦系数。摩擦系数随金属性质、工艺条件、表面状态、单位压力及所采用润滑剂的种类与性能的不同而不同。除无润滑挤压以及其他一些变形条件恶劣，润滑剂难以发挥作用的变形过程外，在一般使用润滑剂的塑性成形过程中，接触面上的摩擦可以认为服从库仑定律，即认为摩擦系数为常数，其数值随金属的性质、工艺条件、工具与金属相接触的表面状态以及所采用的润滑剂的种类与性质等而变化。

（1）加工用工模具表面状态。工模具表面粗糙度以及机加工方法不同，摩擦系数可能在 0.05 ~ 0.7 范围内变化。一般来说，工模具表面粗糙度越小，摩擦系数越小。然而，粗糙度很小的表面虽然有利于与工件表面的紧密贴合，但却不利于润滑剂在工件表面停留，无法充分发挥润滑剂的性能，故而又可能适得其反。

另外，在考虑工模具表面状态时必须要注意，机加工纹路常会引起表面摩擦系数的各向异性。例如，垂直纹路方向的摩擦系数有时要比顺纹路方向高出 20%。工模具的使用情况对摩擦系数也有影响。例如，久用的热轧辊表面产生龟裂、环状裂、纵向裂等，不仅会使摩擦系数增加，而且还会使其具有明显的方向性。

（2）被加工金属的表面状态。一般来说，被加工金属的表面越粗糙，摩擦越大。但有时由于表面粗糙有利于润滑剂的停留，反而可使摩擦降低。如镦粗坯料表面凹凸不平，构成了许多"润滑小池"，从而有助于降低表面的摩擦系数。因此，对某些难加工金属坯料的表面要预先进行人为粗糙化处理（如喷砂处理等）。

在热加工时，表面氧化膜对摩擦系数有较大影响。一般地说，金属表面轻度氧化可使表面活性减小，并容易与活性润滑剂反应生成化学吸附膜，从而使摩擦减小。然而，过厚、性脆、带有磨料性质的氧化膜，不仅会增加摩擦，而且还容易被压入从而导致制品表面质量下降。

（3）变形温度。这是影响摩擦系数最活跃的一个因素。因为它对金属表面形成氧化膜的情况、金属基体的力学性质、表面上润滑剂存在状态及其润滑作用效果都有一定的影响。变形温度的影响十分复杂，当温度较低时，金属强度、硬度大，氧化膜薄，摩擦系数小；温度升高，强度、硬度降低，氧化膜增厚，吸附作用增强，润滑剂性能变差，摩擦系数增大；高温下，氧化膜变软或脱离金属基体，起润滑剂作用，摩擦系数下降。

（4）变形速度。试验资料证明，随变形速度或工模具与金属表面相对滑动速度的增加，摩擦系数降低。当为干摩擦且速度大时，凹凸来不及啮合，摩擦系数小；速度大热效应明显，接触面上形成"热点"，金属变软；当为边界摩擦且速度大时，润滑油膜增厚，摩擦系数变小。例如，用粗糙平板压缩硬铝试验表明，400℃ 静压时 $\mu = 0.32$；快速动力压缩时 $\mu = 0.22$。变形速度往往与变形温度密切相关，并影响润滑剂的润滑效果。因此，在实际生产中，随着条件的不同，变形速度对摩擦系数的影响也很复杂。

4.3　金属材料成形摩擦试验装置及摩擦系数测定方法

常用的试验装置与实际加工中的变形过程并不相同，常用的试验装置只是为研究特定的摩擦学问题设计的。由于塑性成形过程中产生的摩擦是受多方面因素制约的，要找到一种适用于各种成形工况的摩擦系数测量方法，是非常困难的。因此，学者们针对各种不同的塑性成形工况，提出了多种多样的摩擦系数测量方法、系统及装置[7]。设计出这些试验主要是为了更好地控制工艺参数，易于定量地测定摩擦与磨损。

4.3.1 整体和部分塑性变形试验

4.3.1.1 整体塑性变形试验

塑性变形是工程材料及构件受载超过弹性变形范围之后将发生永久的变形，即卸除载荷后将出现不可恢复的变形，或称残余变形。塑性变形的实质是一种不可自行恢复的变形。这些试验的共同点就是，变形波及试样整个厚度并形成新生表面。

（1）平面拉拔试验。拉拔试验的原理是摩擦作用，通过施加正应力，使工件与工模具之间紧密结合，从而利用彼此界面上的静摩擦力抵抗外力（拉拔力）。将一个厚度为 h_0 的平板或带材，通过具有一定斜度的模具表面，拉拔成 h_1 厚。例如两个轧辊构成了一个收敛的辊缝，如图 4-2(a) 所示。首先将厚度为 h_0 的平板从两个自由转动的轧辊之间拉入，然后把轧辊锁死，继续拉板。然后，先后测量拉力差，计算出来的拉力差就近似地等于摩擦力。如果能够测量轧辊受到的总压力和拉拔力，则可计算出摩擦系数。此外，也可以使用楔形模板进行研究；对短试件也可以将拉力改为推力等。

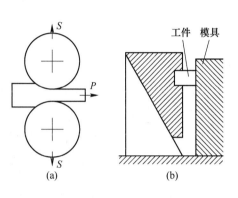

图 4-2 轧辊间平面应变拉拔（a）及伴有滑动的压缩（b）

（2）伴有滑动的压缩试验。这种试验的测试过程通常是试样在两个平行模具之间受压，并且在加载过程中存在着试样与模具之间的相对滑动。图 4-2(b) 为通过斜面使得工件滑动时受到压缩的试验装置，这类试验适合于评价固体润滑膜，以及研究模具的摩擦特性和黏着行为。

4.3.1.2 部分塑性变形试验

部分塑性变形试验实际是金属材料成形过程的一个部分，因此，通常仅用于模拟和研究润滑和磨损机制的某些方面。常见的有平面拉拔试验、拉弯试验、销盘试验以及扭转压缩试验等。

部分塑性变形的平面拉拔试验与整体塑性变形的平面拉拔试验有所不同。部分塑性变形有所限制，通常只限制在表面的微凸体上的变形，而整体塑性变形没有这种限制。所以通常是在两个平行工模具之间受压，工件不发生整体塑性变形。这类试验对模拟板金属成形是很有用的。拉弯试验是指对板材在拉拔的同时产生的弯曲变形进行测量[8]。汽车工业中，很多板材的冲压加工中，涉及的润滑方式适用于此种试验。拉弯变形的摩擦测量方式如图 4-3 所示。

还有一些局部变形试验，如使用楔形工具在工件表面做刮伤试验或者刻痕试验，根据切向力与正压力之比来评价润滑剂。也可依据材质向划痕两侧移动的形状来分析材料的变形过程。也有人通过把较硬的杆推入空心圆柱工件，通过扩孔试验来分析应力与润滑剂之间的关系。

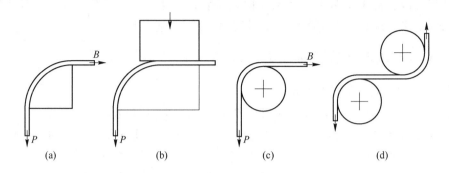

图4-3　拉弯变形时的摩擦测量

（a）固定表面拉弯；（b）夹持力下拉弯；（c）单辊拉弯；（d）双辊拉弯

4.3.2　摩擦磨损试验机

现有的各种各样的摩擦试验机多数是为了进行一般的摩擦及磨损试验而开发的，试验条件与实际金属材料成形过程有所不同。尽管如此，还是有几种试验装置用来研究金属材料成形中的润滑剂的应用性能。摩擦试验机的优点主要是使用方便、精度高；测试标准相对统一，可比性强；对润滑剂润滑性能评定十分有效。下面简要介绍几种使用比较广泛的摩擦试验机：

（1）电化学腐蚀摩擦磨损试验仪。采用电化学腐蚀摩擦磨损试验仪可测量摩擦系数，试验设备如图4-4所示。该设备的运动方式为往复式，试验时需要先将上试样与下试样固定在仪器上，然后把要测的溶液滴到接触区，通过施加砝码来控制载荷的大小，设置好频率与试验时长后，即可测量溶液在相应摩擦副间的摩擦系数。

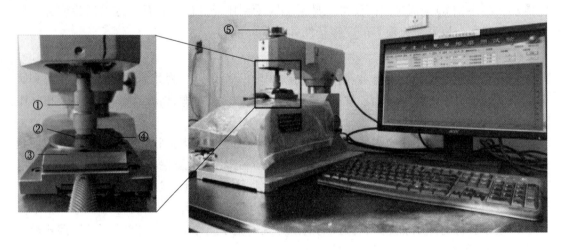

图4-4　MFT-EC4000型电化学腐蚀摩擦磨损试验仪

①—上试样夹具；②—润滑液；③—下试样夹具；④—下试样盘；⑤—砝码

（2）四球摩擦磨损试验机。该方法是在四球摩擦磨损试验机上测定试油的承载能力，故又称润滑油承载能力测定法。其可测定润滑剂的最大无卡咬负荷 P_B、烧结负荷 P_D 和综合磨损值 ZMZ 等，并可根据摩擦力计算出摩擦系数[9]，试验设备如图 4-5 所示。该试验机还可以做润滑剂的长时抗磨损试验，测定摩擦系数，记录摩擦力和温度曲线。该机配有高精度测量装置，可测量摩擦副的磨斑尺寸，或通过计算机实现摩擦副磨斑的显示、测量和记录。

四球试验主要以滑动摩擦的形式，在极高的点接触压力条件下评定润滑剂的承载能力。四球摩擦磨损试验机上的四个钢球按等边四面体排列，钢球直径尺寸为 12.7mm。上球旋转，下面静止的三个球与油盒固定在一起，由上而下对钢球施加负荷。在试验过程中四个钢球的接触点都浸没在试油中，试验后测量油盒中每一钢球的磨痕直径。按规定程序反复试验，直至测出代表润滑剂承载能力的评定指标。在评价金属材料成形用的润滑剂时，通常转速要降低，以模拟塑性成形加工时的工况条件。

（3）环-块式摩擦磨损试验机。环-块式摩擦磨损试验机采用线接触滑动摩擦的方式检测试样的摩擦磨损性能。环-块试验主要是以滑动摩擦形式，在浸油润滑条件下，评定各种润滑剂的润滑性能，适用于各种金属、非金属材料及涂层的磨损性能研究。环-块式摩擦磨损试验机可以测定摩擦力，计算摩擦系数，试验设备如图 4-6 所示。环-块式摩擦磨损试验机又称 Timken 试验机，主要用来评定润滑油的抗擦伤能力，用 OK 值作为评定指标。OK 值是在本标准试验机钢制试样滑动摩擦面上不出现擦伤时负荷杠杆砝码盘上的最大负荷。在试验中试件发生擦伤时主要表现为异常噪声和振动、主轴转速下降、试块表面出现刻痕。试验结束后，是否擦伤使用试块上的磨斑来判断。

图 4-5　四球摩擦磨损试验机　　　　图 4-6　多功能环-块式摩擦磨损试验机

（4）高温摩擦磨损试验机。比较有代表性的高温摩擦磨损试验机是 SRV-4，其适用于研究高温条件下被测材料的摩擦磨损性能[10]，如图 4-7 所示。有栓-盘或球-盘两种不同的摩擦形式。由计算机实时检测出被测材料的室内温度、摩擦力、摩擦系数等数据，并以二维图像的形式进行显示。

（5）往复式摩擦磨损试验机。往复式摩擦磨损试验机通过曲柄滑块机构将旋转运动

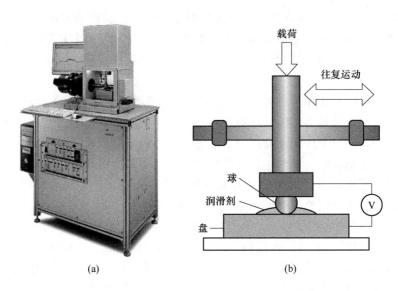

(a)　　　　　　　　　　　　　　(b)

图 4-7　高温摩擦磨损试验机

变为往复运动。通过该试验机（见图 4-8），主
要可获得试验中产生的摩擦力、摩擦系数和试
件的磨损量。该往复式摩擦磨损试验机可通过
调节偏心盘的偏心量，实现滑块（试件）往复
行程在一定范围内可调；可通过变频器的频率
调节，实现摩擦速度的任意调节，方便模拟实
际工况的使用速度；可通过加热、检测及温度
控制器实现各种材料在不同温度下的摩擦性能
试验，实现设计范围内的温度任意设定和恒温
自动控制。通过试验，可建立磨损量与温度之
间的函数关系，为设计和寿命预测提供试验数
据；另外，还可进行不同材料摩擦副在不同润
滑状态（单位时间内所加润滑剂的量）下的摩
擦磨损性能试验。

图 4-8　往复式摩擦磨损试验机

　　该往复式摩擦磨损试验机是利用在弹性臂上贴应变片的方法测试摩擦力，即通过弹性
臂的变形而使贴在上面的应变片伸长或缩短，将应变片电阻的变化转化为电压的变化，然
后将电压变化的峰值经标定后转化为摩擦力的数值。

4.4　试验的有效性

　　任何模拟试验总是有一些争论的问题。模拟试验时，操作参数、接触条件及环境因素
都应尽可能地再现。为了保持模拟试验与实际加工的相关性，润滑机制也是必须再
现的[11]。

高温合金经常进行热挤压,用玻璃进行润滑能建立最佳润滑的系统。但摩擦磨损试验机往往无法再现热挤压中的润滑机制。为了模拟这个过程可选择平面压缩试验。原始挤压润滑膜的厚度及在压缩过程中逐渐减薄过程可以用来提供以下的信息:黏度、温度、变形速度的影响及一定程度上的工模具黏着。

但平面压缩试验按照挤压参数进行分析是困难的,因此引入第二种研究方法。进行一个小规模低温挤压试验[12],用松香酸代替玻璃,用铝作为工件材料。在150℃时,松香酸的黏度和铝的屈服强度与在1100℃时玻璃的黏度及耐热合金的屈服强度处于相同的比例上。因此就可把工模具几何尺寸、挤压速度、坯料与挤压筒之间的间隙等参数的影响分析出来。当把这些结果与从平面应变压缩所获得数据结合起来,就可以显现实际系统特性。

当然,也有些人否认模拟试验的有效性,他们认为板带拉拔试验与板材拉伸试验之间没有联系,尤其是单独研究摩擦时实验室试验与生产之间也没有相关关系。然而,试验表明润滑剂失效比初始摩擦值有更重要的影响。力扭矩的变化对润滑机制的改变是非常敏感的,通过观察力的变化,就可以发现它们之间的联系。因此,试验有足够长的时间以建立稳态的条件是很重要的,比摩擦系数更重要的是润滑剂能否抗失效、金属转移和磨损。为此,高温下的试验是至关重要的。

从摩擦磨损试验机到金属加工过程是很大的变化,其结果在一定的范围内是有效的。改进的四球试验机与钢的轧制之间的关系,只有当润滑剂的皂化值及无脂肪酸含量保持在一定范围内时,才能令人满意。只有知道实际过程中的润滑机制,并能将各因素的作用区别开时,摩擦磨损试验机的数据才有一定的实用价值。

4.5 数 值 模 拟

金属材料成形是复杂的弹塑性大变形过程,包含材料、几何及边界接触等多重非线性问题,变形机理非常复杂,难以用准确的数学关系式来描述。随着数值模拟技术及大型数值模拟软件的日益成熟和完善,对金属塑性成形过程进行数值模拟已经成为常用的分析手段。

工模具与工件之间通过接触来传递载荷,接触问题的处理一直是用有限元法分析金属塑性成形过程的一个难点[13]。在对金属材料成形过程进行计算机仿真时,为了使数值模拟的结果与实际情况相符合,必须给出准确合理的边界条件,如变形速度、变形力、变形温度、工件的材料性能及表面状况、工模具的参数以及变形过程中的摩擦系数等。目前,其中的一些参数已可以确定比较准确的取值范围,但有一些参数的确定就比较困难,如摩擦系数等。

由于摩擦会引起金属变形不均,影响产品性能,尤其在板材成形中,摩擦的影响更为突出。摩擦力是薄板成形过程中重要的外力之一,它不仅影响成形力的大小和能量消耗,还直接影响零件的成形极限、回弹量和表面质量。因此,准确地或能反映实际工况的摩擦边界条件对仿真结果,乃至对实际生产都具有举足轻重的作用。

当前的工作中,一方面,通过数值模拟分析与测试相结合,取得更为精确的摩擦系数，再用来进行计算机数值模拟[14]，提高数值仿真的准确度；另一方面，通过计算机模拟成形过程，深入研究摩擦边界条件对应力、应变分布的复杂影响，优化摩擦条件。如朱光明等采用弹塑性大变形有限元法对板带轧制过程中变形区内摩擦力的分布进行模拟，分析了不同轧制工况下各种因素对摩擦力分布的影响，从而确定出摩擦力大小、中性点位置、接触弧长和前后滑区长度随各种因素的变化情况[15]。

此外，还有的研究工作把有限元分析法与遗传算法、人工神经网络算法等数值分析法相结合，反求摩擦系数，提供了一种确定摩擦系数的新途径。

但是各种数值分析方法都存在着对问题的简化和假设，要想使轧制过程中摩擦条件模拟结果的精度更高，必须与测试相结合。

4.6　本 章 小 结

金属材料成形技术具有高产、优质、低耗等显著特点，已成为当今先进制造技术的重要发展方向。材料科学、计算机技术、信息控制技术等的快速发展，将为金属塑性成形技术提供更多更新的发展基础。当前工业部门的广泛需求，为金属塑性成形新工艺新设备的发展提供了强大的原动力和空前的机遇。因此，金属塑性成形技术的发展需要加快从经验向科学化转化的进程，做到更精、更省、更净。由于金属材料成形过程中产生的摩擦是受多方面因素制约的，因此要找到一种适用于各种成形工况的摩擦系数测定方法，是非常困难的。学者们针对各种不同的金属塑性成形工况，提出了多种多样的摩擦系数测定方法、系统及装置。

影响摩擦的因素是多方面的，要获得精确的理论模型，非一朝一夕所能完成。建立实用中的摩擦模型，一直是塑性成形领域的一个关键问题。准确的实用模型，有助于在仿真软件运用中提高模拟的精确性。另外，将有限元引入摩擦系数预测及计算中，也能很大程度上促进摩擦系数测量技术的发展，其可以高效准确地分析和模拟成形过程，降低设计成本和风险。

习题与思考题

4-1　常用的润滑状态观察方法有哪些？

4-2　常用的测量油膜厚度的方法有哪些？

4-3　观测制品表面状态有哪几种方法，各有什么优缺点？

4-4　依据运动的性质，摩擦系数可以分为哪些类型，在金属加工过程中摩擦系数的影响因素有哪些？

4-5　变形温度与变形速度如何影响摩擦系数？

4-6　整体塑性变形试验和部分塑性变形试验有何异同点？

4-7　常用的金属材料成形摩擦试验装置有哪些？

4-8　哪些方法可以测定摩擦系数？

4-9　你认为模拟试验是否具有有效性，为什么？

4-10　各种数值分析方法都存在着对问题的简化和假设，那么数值模拟是否还可靠，你觉得是否还有必要进行数值模拟，为什么？

参 考 文 献

［1］张青林，陈姗姗，李宏伟．金属塑性成形过程中的多尺度建模方法［J］．材料导报，2014，28
（21）：115-118.

［2］林坤．论金属压力加工中的摩擦与润滑［J］．冶金管理，2019（9）：42，46.

［3］徐慧，郭胜利，李天生．塑性成形中摩擦与润滑问题初步再探讨［J］．内蒙古石油化工，2005
（8）：23-25.

［4］杨金平．润滑技术在金属压力加工中的应用［J］．冶金管理，2022（1）：4-6.

［5］邹琼琼，黄继龙，龚红英，等．塑性成形中的摩擦与润滑问题［J］．热加工工艺，2016，45（23）：
18-20，5.

［6］姚若浩．有色金属压力加工中的摩擦与润滑［J］．上海金属（有色分册），1981（4）：94-98.

［7］雷攀，杨连发，易亮．金属塑性成形时的摩擦系数测量技术［J］．装备制造技术，2010（12）：5-8.

［8］金朝海，刘聪，李小强，等．型材拉弯工艺理论解析研究进展［J］．锻压技术，2021，46（4）：
21-28.

［9］盛晨兴，段志和，马奔奔，等．桌面四球摩擦磨损试验机的研制［J］．润滑与密封，2014，39
（8）：93-98.

［10］重载高温摩擦磨损试验机［J］．摩擦学学报，2020，40（5）：696.

［11］雷小洪．刍议金属压力加工中的摩擦与润滑［J］．中国金属通报，2018（3）：72，74.

［12］闫存富，李淑娟，杨磊鹏．低温挤压自由成形技术及其应用［J］．兵器材料科学与工程，2016，
39（1）：104-109.

［13］苏岚，王先进，唐荻，等．有限元法处理金属塑性成型过程的接触问题［J］．塑性工程学报，
2000（4）：12-15.

［14］高秀坤，李兴照．滑动摩擦系数的离散元数值模拟与分析［J］．石家庄铁道大学学报（自然科学
版），2010，23（3）：44-47，52.

［15］朱光明，杜凤山，孙登月，等．板带轧制变形区内摩擦力分布的有限元模拟［J］．冶金设备，
2002（4）：1-4.

5 金属材料成形工艺润滑剂

在金属材料成形中存在两种润滑——机械润滑和工艺润滑。前者是指加工设备各运动部件之间的润滑；后者是指变形金属与工模具接触面上的润滑。本章将主要讨论金属材料成形中工艺润滑。

为了减少或消除塑性成形过程中外摩擦的不利影响，往往在工模具与变形金属的接触面上施加润滑剂，进行工艺润滑。

工艺润滑的主要目的可以归结为：

（1）降低金属变形时的能量消耗。当使用有效的润滑剂时，可以大幅减小或消除工模具与变形金属的直接接触，使表面间的相对滑动剪切过程在润滑层内部进行，从而大幅降低摩擦力以及由于摩擦阻力而造成的金属附加变形抗力，大幅减小加工中的能量消耗。

（2）提高制品质量。如上所述，当工模具与变形金属表面直接接触时，会产生金属黏着、黏附以及黏着磨损，由此可导致制品表面黏伤、压入、划道以及尺寸超差等缺陷或废品。此外，在工艺润滑不良的情况下，摩擦阻力对金属表层与内部质点塑性流动阻碍作用的显著差异，致使各部分的物理变形程度（剪切变形）——晶粒组织的破碎程度明显不同。因此，采用有效的润滑方法，利用润滑剂的防黏减摩抗磨作用，有利于提高制品的表面质量和内在质量。

（3）减少工模具磨损，延长工模具使用寿命。润滑能够消除或减弱工模具与变形金属间的黏着、黏附以及在接触过程中元素的相互扩散，进而改变工模具材料性质的有害作用，并能起到减少摩擦、降低压力、隔热与冷却等作用。这些作用使得恶劣摩擦条件得到明显改善，从而使工模具磨损减少，使用寿命延长。例如在钛材挤压中，当采用有效的玻璃润滑剂及润滑方法时，一只模具可以连续挤压许多根棒材，反之，一只模具即使只挤压一两根棒材，也很难保证其表面质量。挤压生产中，工模具的润滑对减少模具的磨损与压塌变形损坏，降低模具消耗以及生产成本尤为重要。

5.1 金属材料成形对常用润滑剂的要求及润滑剂分类

5.1.1 分类

在金属材料成形时所用的润滑剂可按其化学成分、聚集形态和用途等多种方法进行分类。根据润滑剂的化学成分可分为：各种单一化学成分的润滑剂和多化学成分的润滑剂。根据聚集形态可分为：液体润滑剂；固体润滑剂；熔体润滑剂；液-固润滑剂。液体润滑剂和液-固润滑剂的使用最为广泛。

5.1.2 要求

根据金属材料成形的特点，在加工过程中对其使用的润滑剂要求如下：

（1）对工模具与变形金属表面有较强的黏附能力和耐压性能，在高压下，润滑膜仍能吸附于接触表面上，保持润滑的效果。

（2）液体润滑剂要具有适当的黏度，既能保持润滑层有一定的厚度，较小的流动剪切应力，又能获得较光滑的制品表面。

（3）在高温下，对工模具和变形金属有一定的化学稳定性，灰分少，以免腐蚀工模具与产品表面，并保证产品不出现斑痕或污染表面，以保证润滑效果。

（4）有适当的闪点和着火点，避免在成形过程中过快地挥发或烧掉，丧失润滑效果，也是为了保证安全生产，热加工用润滑剂应有良好的耐热性，不分解，不变质。

（5）液体润滑剂要求有良好的冷却性能，以利于冷却、调节与控制工模具的温度。

（6）润滑剂要有润滑和隔热作用，尽可能低的摩擦系数，且具有防止金属材料氧化的特点。

（7）使用和清理方便，且对人体无害，不污染环境。

（8）成本低、资源丰富。

以上是对润滑剂的一般要求，不同的金属材料成形时还有特殊要求，对于润滑剂的选择，一定要根据成形材料、方式以及条件加以确定。

5.2 润滑剂的性能指标

工艺润滑剂的理化性能不仅是润滑剂本身性能高低的一个标志，同时还是选择润滑剂的主要依据之一。另外，理化性能的好坏直接影响到工艺的使用性能以及成形后制品表面质量。

（1）黏度。黏度是液体的内摩擦，黏度的高低反映了流体流动阻力的大小。黏度的度量方法有绝对黏度和相对黏度。其中，绝对黏度又分为动力黏度和运动黏度；相对黏度分为恩氏黏度、赛氏黏度和雷氏黏度等几种表示方法。

动力黏度 η 是在流体中上下间隔1m、面积都为 $1m^2$ 的两层流体，当相对移动速度为1m/s 时所产生的运动阻力。动力黏度的国际单位是 Pa·s （帕［斯卡］·秒），而常用单位为泊或厘泊。它们之间的换算关系为 $1Pa·s = 1N·s/m^2 = 10P = 10^3cP$。

动力黏度常用于流体动力学计算，而在实际使用时用动力黏度 η 除以同温度下的流体密度 ρ 得到运动黏度 ν。运动黏度表示了流体在重力作用下的流动阻力。运动黏度的国际单位是 m^2/s，而在实际应用中多使用厘斯（cSt），其中：$1cSt = 10^{-6}m^2/s = 1mm^2/s$。

运动黏度的测量按 GB/T 265—1988 标准方法进行，并注明测定时的温度。动力黏度可由运动黏度计算。除了动力黏度和运动黏度，还有恩氏黏度（E）、雷氏黏度（R）、赛氏黏度（S）等。

运动黏度作为润滑油一个最重要的性能指标直接影响到成形过程的润滑性能。此外油的黏度还会影响成形制品退火表面质量，其中油的黏度越高，表面油斑越严重。另外油的黏度与闪点、残炭及冷却性能还有一定的关系。

（2）闪点与密度。一般油品的密度都小于 $1.0g/cm^3$，而且油品黏度越低，其密度也就越小。大部分油品密度为 $0.8 \sim 0.9g/cm^3$，有些添加剂的密度则大于 $1.0g/cm^3$。密度的测定方法按 GB/T 1884—2000 标准进行，并注明温度。

在规定条件下加热油品，当油温达到某一温度时，油的蒸气和周围空气的混合气体，一旦与明火接触即发生闪火现象，此时的最低温度称为闪点。若闪火持续 5s 以上，此时的温度称为燃点。闪点的测定方法有开口杯闪点（GB 267—1988）和闭口杯闪点（GB/T 261—2021）两种。一般闪点在 150℃ 以下的轻质油品测量闭口闪点，重质油品测量开口闪点。也可以根据油品的使用条件选用闪点的测量方法。同一油品其开口闪点比闭口闪点高 20~30℃。

油品闪点的高低取决于油中轻质成分的多少，其中，轻质成分越多，黏度越低，闪点越低，如煤油、柴油、机油的闪点依次为 40℃、60℃、145℃。闪点是油品在生产、储运特别是使用时的安全指标。一般要求油品的使用温度高于其闪点 20~30℃。

（3）倾点与凝点。油品在标准规定的冷却条件下（GB/T 3535—2006），能够流动的最低温度称为倾点。而凝点是在标准规定的实验条件下（GB/T 510—2018），将油品冷却到液面不移动时的最高温度。由于倾点与凝点的测试条件不同，同一油样的倾点比凝点高3℃左右。倾点与凝点都表示油品在低温下流动性能好坏，同时与油品成分组成中蜡含量有关。倾点与凝点较高时，油品在低温条件下流动不利，有时会堵塞油路，影响润滑效果。

一般油品的倾点均在 0℃ 以下，由于成形过程都有一定的温度，不会影响油品的正常使用，但是在停机时要加以注意。

（4）馏程。石油产品是多种有机化合物的混合物，在加热蒸馏时没有固定的沸点，只有一定的馏程。油品的馏程是指从初馏点到终馏点的温度范围。馏出温度是指馏出液的容量分别达到试样容量的 10%、50%、90%、95% 时的温度。当油品在规定条件下加热蒸馏出第一滴油品时的温度称为初馏点，而终馏点是指馏出量达到最末一个规定的馏出百分数时的温度。具体测定时按 GB/T 255—1977 标准方法，取 100mL 试样在测定的仪器及试验条件下按一定的要求进行蒸馏，系统地观察温度读数和冷凝液体积。试验时要记录下列温度：初馏点，馏出 10%、50%、90%、95% 的温度和干点。

馏程的大小与油品成分组成密切相关，可以从初馏点和 10% 馏出温度判断油中所含轻质组分的程度，以确定对油品的闪点、黏度及使用安全性的影响。90% 馏出温度和干点可以表示其所含重质组分的程度，对判断退火时产生油斑污染的可能性有一定的参考价值。另外，油品馏程越窄，油品成分越单一，但是馏程太窄会导致油品成本升高，所以确定馏程时应综合考虑。

（5）酸值与碘值。酸值是表征油品中有机酸总含量多少的指标。中和 1g 油品中的有机酸所需氢氧化钾的质量称为酸值，单位是 mg-KOH/g。酸值的高低反映了油品生产的精制程度，精制程度越高其酸值越低。另外，酸值的大小还反映了油品中有机酸含量的高低，也即对金属的腐蚀程度的大小，特别是当油品中含有水分时，这种酸蚀作用可能更加显著。另外，油品被氧化发生变质时常常伴随酸值的升高。所以，酸值也是衡量油品抗氧化性和使用过程中油品老化变质情况的一项重要指标。

碘值是中和 100g 油品中的不饱和烃（双键）所需的碘分子的质量，单位为 g-I_2/100g。有时用溴中和油品中的不饱和烃故又称溴值。碘值的大小反映了油品中不饱和烃含量的多少，尤其是烯烃。

（6）水溶性酸或碱与皂化值。油品中的水溶性酸或碱是指能溶于水的酸性或碱性物质。水溶性酸或碱会严重腐蚀机件，腐蚀金属表面，造成严重的铝箔表面腐蚀，还会加速油品老化速度，促使油品氧化变质。所以水溶性酸或碱是判断油品老化速度以及氧化变质程度的一个重要指标。铝箔轧制工艺油要求无水溶性酸或碱。

用蒸馏水或乙醇水溶液抽提试样中的水溶性酸或碱，然后分别用甲基橙和酚酞指示剂检查抽出液颜色的变化情况，或用酸度计测定抽提液的 pH 值，以判断有无水溶性酸或碱。

皂化值是指皂化 1g 油品所需要氢氧化钾的质量，单位为 mg-KOH/g。被皂化的物质主要是油脂、合成酯等酯类化合物及有机酸。这些物质通常是被用作增加油品润滑性能而添加的油性物质。皂化值是酯值和酸值的总和。皂化值在乳化液中具有重要意义，它的高低代表了乳化液润滑性能的好坏，皂化值越高，润滑性能越好，但轧后退火板面清净性也随之变差。

皂化值测定时，若油样的皂化值小于 10mg-KOH/g 则不容易测准，因此在称取测定油样时可以不受 1g 的限制。

（7）水分与灰分。水分表示油品中含水量的多少，用质量百分比表示。水分的测定按 GB/T 260—2016 标准进行，若水分含量小于 0.03%，则认为是"痕迹"；若没有水分则是"无"。油品中应不含水分，否则会对金属有腐蚀，或者在油温升高时生成气泡，影响润滑效果。严重时不但会使油品在使用中油膜强度降低，而且还会使其中的添加剂分解而沉淀，而且即使进行处理，除去水分，添加剂也不能恢复原来的使用效能。

油品的灰分是指在规定的条件下（GB/T 508—1985）完全燃烧后，剩下的残留物（不燃物），以质量百分数计。油品的灰分主要是由油品完全燃烧后生成的金属盐类和金属氧化物组成。油品灰分增加会导致金属磨损增大，退火时污染金属表面。通过测定油品的灰分能够间接了解油中无机盐、金属有机化合物的多少以及含有金属化合物添加剂的含量，如铝材轧制油过滤时一些过滤介质（无机盐）可能会混入到轧制油中，导致轧制油灰分上升。

（8）残炭。残炭是在隔绝空气的条件下（GB/T 268—1987）把油品加热，经蒸发分解生成焦炭状残留物，以质量百分数计。残炭的高低表明了油品精制深浅程度，也即油品中硫、氧和氮化物含量的多少。残炭对油品高温使用性能有较大影响，残炭还会促进油品劣化变质，并妨碍润滑油膜的形成。

残炭对油品的摩擦、磨损有一定影响，但炭（石墨）在高温时具有润滑作用，所以就轧制润滑而言，不一定会增加其摩擦、磨损，如环烷基油的残炭质软，而摩擦、磨损就较小。轻金属轧制油一般无灰分和残炭，如铝材轧制油。

（9）机械杂质和硫含量。机械杂质是指油品中不溶于汽油或苯的沉淀物和悬浮物，经过滤分离出的杂质，以百分数计。机械杂质主要来源于油品在运输、储存尤其是在用时过程中外来物的混入，如灰尘、泥沙、金属氧化物、金属磨损碎屑等。油品中机械杂质的存在会导致工件表面的划伤及工模具的磨损。上述情况一般通过油品的循环过滤加以解决。油品包括添加剂中机械杂质的测定按 GB/T 511—2010 标准进行。

硫含量是指油品中硫元素的含量，以质量百分比计。由于硫对金属具有腐蚀性，故对金属成形油品中硫含量应进行控制。特别是轻金属轧制油对硫含量的控制更加严格，通常不超过 0.001%。

（10）芳烃含量和腐蚀性。由于芳烃，特别是稠环芳烃在医学上被怀疑具有致癌性，所以在轧制食品和药品包装用金属薄板、箔材时，轧制油中芳烃含量受到限制，如美国食品与药品管理局（FDA）规定（USA FDA～CFR 178.3620（B）、（C））食品和药品包装用铝箔轧制油中芳烃含量小于1%。

腐蚀性是指油品在一定温度下对金属的腐蚀作用。腐蚀性的测定按GB/T 5096—2017石油产品铜片腐蚀实验法进行。造成金属腐蚀的原因主要是氧、水、酸和其他具有腐蚀性的物质等。腐蚀性对金属成形润滑剂十分重要，不仅成形制品有腐蚀问题，而且成形设备长期与润滑剂接触更容易腐蚀。除了控制水分、酸值等理化性能外，必要时须加防腐蚀剂。

除了上述与润滑剂的润滑作用效果密切相关的理化性能外，油品其他的理化性能，如黏度指数、压黏系数、表面张力、介电常数、电导率、蒸发速度、汽化热、燃烧热、比热容、热导率、苯胺点等也能反映油品的某些性能，如冷却能力、抗静力性能、油膜形成能力等。上述理化性能的测定均有国标可循。

5.3　油基润滑剂

润滑剂大多使用矿物油、合成油和植物油作为基础油[1]。矿物油润滑性好，价格低，目前使用得最广泛，但生物降解性能较差；合成油虽然具有良好的润滑性能与生物降解性能，但其价格相对较高，这也是限制其大量被使用的一个主要原因；植物油由于本身结构及固有缺陷，如氧化稳定性差、热安定性低、低温下容易结晶等，单独使用不能满足润滑剂的使用要求，因此必须与其他组分复配。不同基础油的理化性能见表5-1。

表5-1　基础油的理化性能

性　质	矿物油	合成油	植物油
密度（20℃）/kg·m^{-3}	880	930	940
黏度指数	100	120～200	100～250
剪切稳定性	良好	良好	良好
倾点/℃	-15	-60～-20	-20～10
与矿物油的相容性	—	良好	良好
水溶性	不溶	不溶	不溶
生物降解性/%	10～30	10～100	70～100
氧化稳定性	良好	良好	良好
水解稳定性	良好	差	差
相对价格	1	4～20	2～3

5.3.1　矿物油的润滑性能

矿物润滑油来源丰富，成本低，是金属材料成形中使用最广泛的润滑油。矿物润滑油的种类繁多，但都是从石油中提炼并精制而得到的。

矿物润滑油是由基础油和添加剂调制而成。基础油的最主要组成是经过炼制的天然矿物油，天然矿物油（原油）是一种深褐色的黏稠液体。矿物油是由多种碳氢化合物（烃类）组成的化合物，此外，还含有少量的碳、氮、氧等化合物。

矿物油的主要理化性能分别有黏度、凝固点、闪点、抗氧化性、酸值、灰分与残炭。

矿物润滑油的分类方法很多：按提炼润滑油所用原油的种类可分为石蜡烃基润滑油、环烷烃基润滑油以及混合烃基润滑油；按润滑剂用途可分为机器油、汽缸油、锭子油和齿轮油等。矿物油详细指标见表5-2。

表5-2 三种石油（原油）的组成 %

成分 油类	石蜡烃	环烷烃	芳香烃	其他烃
石蜡烃基原油	40	48	10	2
环烷烃基原油	12	75	10	3
混合烃基原油	33	41	17	9

矿物油较动植物油脂的润滑性能差，油膜的耐压性能也差，因为烃分子没有极性，也没有偶极矩。在使用时，一般以纯矿物油作基础油，再添加一定数量的添加剂，提高其使用性能。由于基础油在混合润滑油中所占比例较大，其性能直接影响着润滑剂的使用效果。在配制时，应根据具体工艺条件，正确选用基础油的种类。表5-3列出了一些在金属材料成形，特别是拉拔生产中可能用到的矿物润滑油有关性质。

表5-3 部分矿物润滑油有关性质

标准编号	润滑油 名称	牌号	运动黏度/$m^2 \cdot s^{-1}$ 50℃	100℃	凝固点/℃ （不高于）	开口闪点/℃ （不低于）
GB/T 443—1989	机器油	10	$(7 \sim 13) \times 10^{-6}$		-15	165
		20	$(17 \sim 23) \times 10^{-6}$		-15	170
		30	$(27 \sim 33) \times 10^{-6}$		-10	180
		40	$(37 \sim 43) \times 10^{-6}$		-10	190
		50	$(47 \sim 53) \times 10^{-6}$		-10	200
		70	$(67 \sim 73) \times 10^{-6}$		0	210
		90	$(87 \sim 93) \times 10^{-6}$		0	220
	饱和汽缸油	11		$(9 \sim 13) \times 10^{-6}$	5	
		14		$(20 \sim 28) \times 10^{-6}$	15	
	合成汽缸油	33		$>34.1 \times 10^{-6}$		300
		65		$>60.4 \times 10^{-6}$		325
		72		$>64.4 \times 10^{-6}$		340
标准编号	润滑油 名称	牌号	运动黏度/$m^2 \cdot s^{-1}$ 50℃	100℃	凝固点/℃ （不高于）	开口闪点/℃ （不低于）
	过热汽缸油	38		$(32 \sim 44) \times 10^{-6}$	10	290
		52		$(49 \sim 55) \times 10^{-6}$	10	300
		62		$(58 \sim 66) \times 10^{-6}$	5	315

标准编号	润滑油		运动黏度/m²·s⁻¹		凝固点/℃	开口闪点/℃
	名称	牌号	50℃	100℃	(不高于)	(不低于)
GB 2536—2011	变压器油	10	$<9.6 \times 10^{-6}$		-10	135
		25	$<9.6 \times 10^{-6}$		-25	135
		45	$<9.6 \times 10^{-6}$		-45	135
GB/T 7631.4—1989	锭子油		15×10^{-6}		-51	193
GB 5903—2011	工业齿轮油	50	$(45 \sim 55) \times 10^{-6}$		-5	170
		70	$(65 \sim 75) \times 10^{-6}$		-5	170
		90	$(80 \sim 100) \times 10^{-6}$		-5	190
		120	$(110 \sim 130) \times 10^{-6}$		-5	190

5.3.2　动植物油脂的润滑性能

动植物润滑油脂是用动物基体或植物种子提炼所得到的油或脂肪。这种油脂由于在分子组成上除碳、氢元素外，还含有氧元素，因此，在性质上与矿物油相比有许多不同之处。

动植物油脂在受到高温作用时，就会分解，但不蒸发与挥发，故不能用蒸馏法进行炼制。动植物油脂中，通常把在20℃以下为液态者称为油，而把在该温度以上为固态者称为脂肪。一般脂肪的最高熔点约为51℃，所有动植物油脂都不溶于水。在常温下，它们不溶于乙醇，而完全溶解于醚、二硫化碳、四氯化碳苯等溶剂。动植物油脂的黏度随压力及温度的变化较小。

由于油脂中的各种脂肪酸的分子内均有属极性基端的羧基，因此很容易吸附在金属表面上，形成极性分子物理吸附膜。由于脂肪酸易与金属氧化物反应形成各种脂肪酸（皂），因此金属材料成形过程中使用动植物油脂作润滑剂时易在润滑表面形成极性分子的化学吸附膜，从而可极大提高润滑效果，并可以得到光洁的制品表面。但由于动植物油脂的资源有限，除在少数情况下直接运用外，一般都用作油性添加剂，加入矿物基油中混合使用，或再与水配制成乳化液使用。

描述油脂性能有两个重要分析指标：

（1）皂化值。皂化值与油脂的相对分子质量成反比，因此可用以表示油脂的平均相对分子质量，也可用以表示油脂的纯净度，测定其中不皂化物的含量。

（2）碘值。碘值表示油脂中高级脂肪酸的不饱和程度，描述干化能力的强弱。干性油的碘值通常在180～190，半干性油则在100～120，碘值低于100的叫不干性油。

脂肪酸的润滑性能如表5-4所示，由表5-4可知酸相同，增加醇的原子数，则脂的润滑性能提高；若醇相同，则硬脂酸的润滑性能比油酸好，正构和异构脂肪醇的效果相同。

表 5-4 脂肪酸的润滑性能

酯 的 名 称	摩擦力/MPa	延伸系数	熔点/℃
油酸丁酯	60	1.50	液体
油酸乙二醇单酯	50	1.58	液体
油酸丙三醇单酯	39	1.74	液体
油酸季戊四醇单酯	16	2.08	液体
油酸山梨醇单酯	8	2.40	液体
硬脂油丁酯	52	1.54	24
硬脂油异丁酯	52	1.55	22
硬脂油乙二醇单酯	47	1.64	58
硬脂油丙三醇单酯	35	1.82	57

金属材料成形常用的动植物油：猪油、牛油、棕榈油、蓖麻油、葵花籽油、豆油、棉籽油、花生油等。其中蓖麻油润滑效果好，其次棕榈油，较差的是棉籽油。

5.3.3 合成油的润滑性能

合成油是为了获得某些性能，人工合成的具有特殊分子结构的化学物质。由于合成油的分子结构是人为设计的，因此可以根据需要获得一些矿物油和动植物油无法满足的理化性质和特殊性能。目前合成油受到广泛关注，其应用领域也越来越广泛和深入。

合成油现有两大类：烯烃合成油和合成酯。烯烃的双键能够聚合，形成一种类似饱和烷烃的聚合物。如聚丁烯，可以精确控制其链长和黏度，在保证其润滑性能的同时，又不会在退火时在金属表面形成油斑。

合成酯类合成油主要有醚和酯，醚为两个单价烷烃与氧原子的化合物，其通式为R—O—R；酯是有机酸和醇的反应产物。酸可以含有一个羧基（—COOH）或两个羧基，同样醇也可以有一个到三个羟基（—OH）。酯键（R—COO—R）非常稳定，由此形成的合成油具有高温稳定性。

脂肪酸酯的润滑性能取决于合成它的酸和醇，其中酸或醇的碳链越长，酯的润滑性能越好。另外不饱和脂肪酸合成的酯在室温下一般为液体，既可直接使用，也可作为添加剂使用。若合成酯在常温下为固体则不能直接使用，只能作为添加剂使用。

5.3.3.1 复合油

矿物油与植物油或合成产物以不同的比例掺合而成的混合物叫作复合油。将植物油或其合成产物加到矿物油中，目的是提高润滑效果而不是明显地增加黏度。已经确定，添加剂只有在其浓度不低于 10% 时才能显著改变基本组分的物理和润滑性能。

5.3.3.2 润滑脂

润滑脂是由具有良好润滑性能的石油润滑油为基础油，添加具有良好亲油性的碱土金属皂类、地蜡、高分子有机聚合物、染料、硅胶、膨润土，形成三维空间的微细孔架结构稠化剂，组成网架结构的半固体润滑剂。

润滑脂在摩擦点受外力作用而产生形变，表现明显的非牛顿性流体的触变性。润滑脂具有一定的屈服值（流动所需的最低剪切应力），润滑脂的黏度是随剪切速度而变化的，剪切速度越大，则黏度越小，甚至接近基础油的黏度水平，即当润滑面在高剪切速度下，以接近基础油黏度和流动性完成润滑作用，阻力不大，可减少摩擦且节约能源。一旦滑移速度降低，则黏度又增加，停止时恢复其原来的半固体润滑剂性质。

润滑脂的缺点是加油换油比较麻烦，使用初期搅拌动力损失大，易发热，因流动性差而传热和冷却性能差，且易于使摩擦点升温，一旦落入杂质则难分离除去，从而增加磨损，由于过大的剪切力或发热，致使网架结构破坏，以致软化和流失[2]。

5.3.3.3　润滑脂的性能和用途

润滑脂属于半固体润滑剂，其特征是具有流变性，即塑性流动或触变性。有这种特性的润滑剂在通常状态下不流动，因而没有飞散和流失的问题，可以用在一般不便使用液体润滑剂的地方，而且由于润滑脂的非牛顿流体性质，呈弹性流体润滑的特性[5]，从而有利于减少摩擦阻力，节约能源。缺点是冷却性较差和磨损下来的金属末不易分离除掉。

润滑脂具有如下液体润滑油所达不到的性能：

（1）由于润滑油是缓慢地从稠化剂中释放出来，能在较大温度范围和长时间内充分起到减少摩擦和磨损的作用。

（2）润滑脂的基础油在使用中，不像单纯润滑油那样受温度的影响，低温下不会变得很稠，高温下也不会变得很稀，即对温度具有一定的钝感性。

（3）能起到密封和防止水分杂质及有害气体侵入作用，并能防止腐蚀和锈蚀。

（4）由于它形成薄油膜并系弹流润滑，对减少摩擦和磨损非常有益，特别是在滚动轴承上，其摩擦系数可降到用润滑油润滑滑动轴承的1%，利于节约能源。

（5）与一般润滑油的牛顿流体性质相反，由于润滑脂系非牛顿流体，受剪切速率和剪切时间的影响较小，润滑油的基础油黏度变化不大，因而能经常保持一定的稳定润滑状态。

（6）润滑脂的耐用寿命长、变质慢，可长期或全期使用。

5.4　水基润滑剂

水具有很好的冷却性能但润滑性能很差，为研制润滑性和冷却性兼优的润滑剂，就产生了许多含水的金属成形润滑液和金属切削润滑液。

水基润滑剂在诸多应用场合被视作油基润滑剂的潜在替代品。与矿物油润滑剂相比，水基润滑剂具有易降解、阻燃、冷却性好和成本低等优点。由于水溶液的黏度和表面张力较低，水基润滑剂也存在某些技术性缺陷，如耐腐蚀性、润滑性能和低温流动性等不佳，利用高效的水溶性功能添加剂改善和提升水基润滑剂的性能是成本较低的有效技术途径之一。

水基润滑剂与润滑油组成相似，不同的是它一般是以水为基础溶剂，并且添加剂是水溶性的[3]。添加剂与油基润滑添加剂的作用相似，用于强化水的减摩抗磨性能并赋予其他优异性能。添加剂一般为不含油脂、无毒、绿色环保的亲水性物质，常见的种类包括纳米材料、高分子聚合物和离子液体等。水基润滑剂大部分成分为水，添加剂也为水溶性物质，因此它可以任意稀释，不会产生沉淀和分层，从而可以保证润滑剂的质量一致性，也利于摩擦副的清洗。水相比于油来说更易于蒸发，会带走摩擦过程中产生的大部分热量，降低摩擦副的温度，从而延长工件的使用寿命。更重要的是，水基润滑剂不含有毒物质，生物降解性好，不会对生态和人体产生危害，是一种绿色的环境友好型润滑剂。

5.4.1 水基润滑剂的形成与分类

5.4.1.1 水基润滑剂的形成

动植物油脂或添加了油性剂、极压剂的矿物油，虽具有自润滑性能，但都有一个共同的弱点——冷却性能差。因此在许多加工过程中，特别是在热轧、冷轧及高速拉拔时，为了冷却工模具，控制辊型以及模孔尺寸，以获得良好制品形状与尺寸精度，提高工模具使用寿命，以及保证获得所要求的润滑效果等，常常采用冷却性能更好的乳化液。

在一般情况下，矿物油与水是不能混溶的，为了使油能以微小的液珠悬浮于水中，构成稳定乳状液，必须添加乳化剂，使油水间产生乳化作用。另外，为了提高乳化液中矿物油的润滑性，同样需要添加油性添加剂。因此，通常乳化液起码包含有基础油（一般为矿物油）、乳化剂、油性添加剂及水四种成分。

水基润滑剂与油基润滑剂相比运动黏度较小，因此很难在摩擦过程中形成比较稳定的流体润滑膜，主要是处于边界润滑的状态。通过添加润滑添加剂，不仅可以增大水基润滑剂的运动黏度，还可以起到一定的承载作用，促进水基润滑剂在摩擦副表面形成稳定的润滑膜，从而达到减摩抗磨的效果。添加剂是水基润滑技术发展的关键之处，近年来国内外学者都对开发新型水基润滑添加剂以增强水基润滑剂摩擦学性能进行了大量的探索和研究，包括传统的表面活性剂修饰的水溶性油脂类、新型的纳米添加剂和离子液体等。

（1）纳米材料添加剂。纳米材料具有独特的表面效应和小尺寸效应，其作为润滑添加剂表现出突出的摩擦学性能。纳米材料添加剂一般可分为金属纳米材料和非金属纳米材料。Gu 等[17]利用硅烷偶联剂（KH-570）对 TiO_2 纳米微粒表面进行功能化修饰，随后再用乳化剂 OP-10 进行二次修饰，改性后的 TiO_2 纳米微粒在水中具有较优的分散稳定性。利用四球摩擦磨损试验机表征其分散在水中得到的水溶液的摩擦学性能，试验结果证实改性后的 TiO_2 纳米微粒表现出较高的承载能力和优异的润滑性能。非金属纳米材料中最具代表性的是碳纳米材料、二硫化钼和二氧化硅等，其中碳纳米材料包括石墨、碳纳米管和石墨烯等。Song 等[18]采用改进的 Hummers 和 Offeman 方法，制备出水溶性的氧化石墨烯（GO），其抗磨能力得到明显的改善，摩擦系数显著降低。

（2）高分子聚合物添加剂。高分子聚合物大部分具有优异的黏压系数，可提高水基润滑剂的运动黏度和成膜能力，从而增强其减摩和极压抗磨性能。Zhang 等[19]利用多巴胺（DA）在聚四氟乙烯（PTFE）微粉表面发生自发氧化聚合，形成亲水的聚多巴胺层（PDA），得到能在水中达到良好分散的 PTFE，摩擦学测试结果表明，即使添加少量改性后的 PTFE 也可达到明显的减摩抗磨作用。

（3）离子液体添加剂。离子液体是一种离子组成的液体，具有无味、不挥发、不可燃、绿色环保等特点。有的离子液体可以溶解于水中，并且可吸附在摩擦副表面形成吸附膜，在摩擦过程中形成边界润滑膜，从而具有优异的摩擦学性能。Wang 等[20]报道了锂盐和非离子表面活性剂原位形成离子液体，发现该离子液体能够协同增强水基润滑剂的摩擦学性能和抗腐蚀性能。

（4）其他添加剂。除了水基润滑添加剂以外，一些具有特殊结构的物质，如含氮杂环化合物和层状液晶等，也具有一定的润滑作用。但是，这些物质作为添加剂还存在水溶性差、润滑作用不稳定等问题，因此还需要完善和改进。

用于形成 O/W 型乳化液的乳化剂，主要是负离子性的表面活性乳化剂。其中，用得最早的是皂类，即长链脂肪酸盐[6]。脂肪酸是以甘油三酸酯的形式存在于天然动植物油脂中，用它所制得的皂往往是孔状脂肪酸盐的混合物，其性质也因所用油脂而异。常用的是钠皂，钾皂用得较少。高价金属皂有利于形成油包水型（W/O）乳状液。钠皂溶液的 pH 值约为 10，由它制取的乳化液对于耐碱性较差的铝材并不很适用。此外，实践表明使用钠皂作乳化剂易在制品表面留下残迹，污染制品。因此，有用胺皂取代钠皂的趋势。这是由于使用胺皂不仅可以形成很稳定的乳化液，而且其 pH 值约为 8.0，能减弱乳化液的碱性，同时胺皂对制品的表面污染要比钠皂小得多。

现以硬脂酸钠为例讨论乳化剂的作用机理。硬脂酸钠的分子式为 $C_{17}H_{35}COONa$，其结构式如图 5-1 所示。整个硬脂酸钠分子由两个基端组成：非极性的亲油碳氢链基端和极性的亲水 COONa 基端。由于这两个基端的存在，能使油水两相连接一起，不易分离。因此，当油水混合物中添加此类物质，并经搅拌之后，就可使油相呈小珠状弥散分布在水相中，构成 O/W 型乳状液。

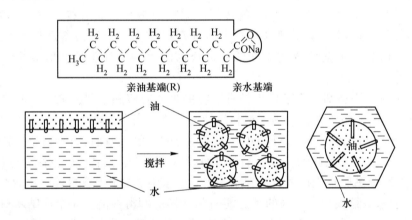

图 5-1　硬脂酸钠乳化剂作用机理示意图

研究表明，由于皂类是属负离子型活性乳化剂，这类乳化剂在乳化液内会离子化，即有 R—COONa→R—COO⁻ + Na⁺ 过程，从而使每颗油珠的表面呈现负电性，油珠之间互相排斥，进一步增加了乳化液的稳定性。在油珠表面上，由亲水基端形成的黏度高、机械强度较大的胶质吸附膜，还可以提高油的润滑性能。

目前在铝及铝合金与铜及铜合金的轧制过程中，大都使用油酸-三乙醇胺系乳化液（59℃），其大致组分为：机油或变压器油 80% ~ 85%、油酸 10% ~ 15% 及三乙醇胺 5% 左右。先把它们配制成乳膏（剂），再根据需要与占总体积 90% ~ 97% 的水搅拌，配制成生产所用的乳状液。其中，水主要起冷却作用，机油或变压器油为润滑基础油，油酸（$C_{17}H_{33}COOH$）既作为油性剂以提高矿物基油的润滑性能，又与三乙醇胺 [$N(CH_2CH_2OH)_3$] 通过图 5-2 所示的反应形成胺皂，起到乳化剂的作用，获得稳定乳化液。

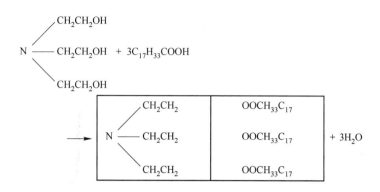

图 5-2　胺皂反应式

顺便指出，在机械与光学玻璃加工中广泛使用的以三乙醇胺为主要组分的水溶性冷却液，其主要机理就是三乙醇胺在水中有较好的溶解性，同时可以大幅降低水的表面张力。例如水的表面张力为 $72.8 \times 10^{-3} \, \text{N/m}$，添加 1% 的三乙醇胺则使表面张力下降为 $40 \times 10^{-3} \, \text{N/m}$[7]，从而使冷却液能很好润湿被磨削的界面，可以充分发挥溶液的冷却与清洗作用。

有人在研究机械用水包油型乳化液的润滑机理时，曾针对乳化液中起润滑作用的是基础油还是乳化剂，还是两者兼而有之这个问题进行了研究。试验表明，乳化剂确定了，乳化液的润滑性也就定了，因此，乳化液中起润滑作用的是乳化剂而不是基础油。如果这种结论带有普遍意义，那么在配制乳化液时无疑可以节约许多矿物油。

5.4.1.2　水基润滑剂的分类

常用的水基润滑剂，可以分为以下三种：

（1）适用于要求较高润滑性的乳化液，含有矿物油或合成油，其中添加极压剂借助于乳化剂分散开的油滴，其大小足以形成一种外观上看起来是乳状的润滑剂，有时呈半透明状态。用于机械加工时其使用浓度较高，一般为 10% ~ 25%。

（2）半合成流体亦称半化学流体或化学乳化液，其中含有较多的防锈剂。油相浓度为 5% ~ 30%，其余为乳化剂、水溶防腐剂、湿润剂、有机盐和无机盐，有时还有极压剂。较大的乳化剂含量降低了颗粒度，使乳化液呈半透明状态。由于较好的润滑性能和极好的冷却性能相结合，该乳化液多用于金属切削加工，使用浓度为 3% ~ 5%。

（3）合成流体是不含油只含有水溶性润湿剂、防腐剂、表面活性剂、无机盐，有时有少量极压剂的水溶液。由于其中组分基本上溶于水，因此合成流体是透明的，此类液体清洗性、冷却性均好，可用于磨光和要求便于观察加工、润滑性要求低的切削工艺过程。

5.4.2　乳化液

如前所述，将两种不相混溶的液体（如油与水）放在一起搅拌时，一种液体会呈液珠形式分散于另一种液体中，即形成乳化液。通常把乳化液中以液珠形式存在的一相称为分散相（或称内相，不连续相），而把连成一片的一相称为分散介质（或称外相，连续相）。常见到的乳化液有两类，即水包油型（O/W）以及油包水型（W/O）。金属材料成形中使用的乳化液一般为前一类。

研究表明，影响形成乳化液类型的因素主要有以下几个方面：

（1）相体积。按分散相为均匀球状体密集堆积计算，液珠体积约占总体积74.02%，即其余25.98%应为分散介质。若分散相体积大于74.02%，乳化液就会发生破坏或变形。若分散介质（水相）体积占总体积的26%~27%，O/W及W/O型乳化液均有可能形成；若分散介质体积<26%，则只能形成W/O型；若分散介质体积>74%，则只能形成O/W型。

（2）乳化剂分子构型。乳化剂分子在分散相液珠与分散介质间的界面上形成定向的吸附层。经验表明，以钠、钾等一价金属的脂肪酸盐作为乳化剂时，容易形成O/W型乳化液，而钙、镁等二价金属皂则易形成W/O型乳化液。

（3）乳化剂的亲水性。经验表明，易溶于水的乳化剂易形成O/W型乳化液；易溶于油的则易形成W/O型乳化液。通常，把这种从溶解度出发的概念推广到乳化剂的亲水性，就是所谓乳化剂的亲水-亲油平衡值（HLB）。

HLB值是为选择乳化剂而提出的一个经验指标。一般而论，用作乳化剂的表面活性剂应该是：

1）在所应用的体系中具有良好的表面活性，能降低体系的界面张力。这说明，此种表面活性剂必须有趋于聚集界面的倾向，而不易留存于界面两边的体相中。为此，要求乳化剂的亲水亲油部分有恰当的平衡比例。在任一体相中有过大的溶解性，都不利于产生低界面张力。

2）能在界面上形成相当强度的吸附膜。从分子结构的要求看，即希望界面上的吸附分子间有较大的侧向引力（内聚力），这也和乳化剂分子的亲水、亲油部分的大小及比例有关。

根据经验，可以得出一个HLB的大范围与应用性质的关系：凡HLB值为3~6，可作为W/O型乳化液的乳化剂；7~9可作为润湿剂；8~18可作为O/W型乳化液的乳化剂；13~15可作为洗涤剂；15~18可作为加溶剂。

（4）乳化器材料性质。乳化过程中，器壁的亲水性对形成乳化液的类型有一定的影响。一般情况是，器壁的亲水性强易得到O/W型乳化液，而疏水性强者则易形成W/O型乳化液。经验表明，两种纯净而相互不混溶的液体不能形成稳定的乳化液，即使经搅拌后，也很快就会分成两层[8]。在添加乳化剂之后，虽能形成乳化液，但随影响因素的不同，其稳定性差异也较大。乳化液的形成过程是一个增加体系界面能和体系总能量的过程，是一个非自发的过程。而乳化液中液珠的聚结却是一个自发过程。因此，乳化液是一种热力学不稳定的体系。为了尽量减少这种不稳定程度，就要尽可能降低油-水界面张力。达到此目的的方法就是选择有效的乳化剂。但不管怎样，由于乳化液是一种不稳定体系，最终总要出现破乳和分层。

乳化剂加入油-水体系之后，在降低界面张力的同时，它还必然在界面上发生吸附，形成界面膜。该膜具有一定强度，对分散的液珠有保护作用，使其相互碰撞时不易聚结。与固体表面膜的情况类似，要求添加足量的乳化剂，使油-水界面上能形成定向的，比较紧密排列而且强度较大的界面膜，这样才能获得较稳定的乳化液。另外，从表面活性剂水溶液的表面吸附膜的研究中发现，在表面膜中，如有脂肪醇、脂肪酸及脂肪胺等极性有机物同时存在，则表面活性及膜强度大幅增加，使乳化液稳定性提高。有人认为这是由于在表面吸附层中，表面活性剂分子（或离子）与醇等极性有机物相互作用，形成"复合物"，增加了表面膜的强度[9]。

界面电荷及乳化液分散介质的黏度对乳化液的稳定性有一定的影响。以离子表面活性剂作乳化剂时，乳化液液珠必然带电荷。在形成乳化液时，碳氢链（或其他非极性基团）插入油相，极性基端在水相中，其无机离子部分（如 Na^+ 等）电离，形成扩散双电层。由于在一个体系中，乳化液液珠带有相同的电荷，使液珠相互排斥，从而防止了聚结，提高了乳化液的稳定性。

乳化液分散介质的黏度越大，则分散相液珠运动速度越慢，有利于乳化液的稳定。因此，有时添加能溶于分散介质中的高分子物质作增稠剂，以提高乳化液的稳定性。

在乳化液喷射到轧辊及板材表面，或其他变形工具与变形金属表面的流动过程中，由于受热，乳化液的稳定状态被破坏。分离出来的油吸附在润滑对象的表面上，形成润滑油膜，起到防黏降摩的作用，而水则起冷却作用。这一过程被称为乳化液的热分离过程。乳化液所具有的这种性质则称热分离性。因此，乳化液所起到的冷却润滑作用，除与润滑油性质（基油、添加剂）有关外，很大程度上取决于乳化液的热分离[10]。它代表了乳化液中润滑油覆盖工模具与变形金属表面速度的性质（故又称离水展着性），是衡量乳化液使用性能的重要指标。

若在室温下乳化液就出现油-水分离或在使用温度下油-水也不分离，这两种极端情况都不能很好地起到润滑作用。因此，乳化液的热分离性，即乳化液的稳定性，对其使用性能影响很大。

试验表明，凡对乳化液热分离性有影响的因素，如使用基础油、添加剂的浓度与性质，乳化液中油珠的大小，乳化液的老化情况，乳化液及轧辊、轧件的温度等，对乳化液使用效果都有影响。如热轧铝时，乳化液的热分离性大，防止轧辊的黏铝作用也大。在油酸-三乙醇胺系乳化液中，基础油为矿物油。改变油酸与三乙醇胺含量及相互比例（分子比）所进行轧铝试验结果表明，随三乙醇胺含量的增加，润滑性能变差，轧制载荷增大。在基础油相同时，随油酸对胺的分子比的增大，润滑性变好。其他条件不变时，基油中添加脂类，轧制力要低得多。

此外，选用合适的乳化液，还需要充分考虑工艺条件的不同及变化。如在轧制铝材时，低速二辊轧机常使用浓度较低的乳化液（约2%～4%），而高速串列轧机则使用较高浓度的乳化液（约6%～10%）。这不仅是由于速度不同造成不同的温度影响，而且由于在这两种情况下形成轧辊黏铝覆层的机制也有所不同。低速时，铝以微观机械交锁或啮合作用机制为主；高速时，则主要为摩擦化学作用机制，使铝板带材与轧辊的黏着磨损速度急剧增大。因此，在不同工艺条件下，乳化液的浓度与配制方法应有所不同。

5.4.3 润滑油添加剂

由于矿物油是非极性物质，在金属表面上所形成油膜的耐压强度比动植物油等极性物质要小很多。因此，在金属材料成形中，即使是那些单位压力较小的冲压、拉拔等加工过程，也不是都是用纯粹型矿物油。一般情况下，只是把矿物油作为基础油，再添加一定数量的添加剂以提高其润滑性能。此外，润滑油（包括冷却-润滑乳化液）在加工条件下较长时间的使用，使其稳定性变差，并有改变成分的倾向，容易发生氧化、胶化、变质等现象，为此也常需加入一些添加剂。

因此，所谓添加剂就是指添加到润滑油中而能改进润滑油某种性能，以达到某种使用目的的物质。在工艺润滑油中，常用到的添加剂有以下几种：

（1）油性剂与极压剂。油性添加剂是由极性非常强的物质组成。由于它们的极性基端可以定向吸附在金属表面上，而非极性的基端又可以与矿物油分子很好地结合，从而促使这些分子也呈定向排列，形成耐压、耐温能力较强的润滑油膜，表现出较好的润滑油性能。

常用的油性添加剂包括：酯类（油酸丁酯、动植物油脂等）、脂肪酸及其皂类（油酸、硬酸及硬脂酸铝等）、醇类（脂肪醇等）。从抗污染制品性能来说，一般认为高级醇和酯类较好。

在一定温度条件下，极压添加剂能分解出活性元素与金属表面起化学反应，生成一层低剪切强度的金属化合物膜。由于这种膜具有极高的耐压、耐温能力，从而表现出很好的防黏降摩及减少工具磨损的性能。常用的极压添加剂有含硫、氯的有机化合物（含磷的一般不用）、硫化或氯化动植物油脂、氯化石蜡等。使用时为防止金属的腐蚀，可同时加入抗蚀剂。当添加剂在基油中分散性不好时，还需添加乳化剂。

（2）抗氧化剂。润滑油在使用过程中不断与空气接触会发生连锁性氧化反应。抗氧化剂能使连锁反应中断，减缓润滑油的氧化速度，增加化学稳定性，延长其使用期限。工业上常用的抗氧化剂有芳香胺及双酚等。这些物质本身极易氧化，从而保护了润滑油不被氧化。

（3）乳化剂。使润滑油与水等介质能形成均匀乳状液的物质。金属材料成形中大量使用的冷却-润滑乳化液都属于水包油型（O/W）。常用的乳化剂有脂肪酸盐（金属皂）、胺盐等。

（4）消泡剂。润滑油或乳化液在塑性成形中循环使用时，由于急剧运动并与空气接触，易于起泡。起泡严重时会导致循环系统（泵及管道）内因气穴作用而使流量降低，甚至出现供液中断等操作上的故障。常用的油消泡剂有硅素油，如二甲基硅油等，用量一般在 0.0001% ~ 0.001%。

上述各种添加剂，除了为保证各自作用而应具有的特性外，与润滑基油一样，还需满足一些共同要求，如优良的耐压性；保证获得光洁制品表面；稳定性好，退火时在制品表面不留残物；不产生污染腐蚀斑迹；对人体无害以及价格低等。

5.5　固体润滑剂

由于金属材料成形过程中的摩擦本质是表层金属的剪切流动过程，因而从理论上讲，凡剪切强度比被加工金属流动剪切强度小的固体物质都可以作为金属材料成形过程的固体润滑剂。如冷锻钢坯端面所放置的紫铜薄片，拉拔高强度丝材时表面所镀的铜，锆合金挤压时的铜包套及拉拔生产中广泛使用的石蜡、脂肪酸钠与脂肪酸钙等固体皂粉，都属于固体润滑剂。

5.5.1 固体润滑剂的特点与分类

（1）固体润滑剂的特点。固体润滑剂同液体润滑剂比较，有使用温度范围宽、承载能力强的优点，并在极高或极低加工速度以及真空的条件下，也能发挥良好的润滑作用。其不足是摩擦系数高，一般为 0.04 ~ 0.25，无冷却作用。

（2）固体润滑剂的分类。

1）层状固体：石墨、二硫化钼、云母、二硫化钨、六方氮化硼等。

2）非金属无机物：PbS、FeS、NaF、CaF 陶瓷等。

3）金属薄膜：铅、锡、锌、铜等。

4）塑料：聚四氟乙烯、尼龙等。

5.5.2 常用固体润滑剂

（1）二硫化钼（MoS_2）。二硫化钼晶体结构为六方晶系的层状结构，每一晶体由许多二硫化钼分子层所组成，而每个分子层又分为硫-钼-硫三个原子层[11]，二硫化钼非常柔软，莫氏硬度为 1.0 ~ 1.5；其密度为 4.7 ~ 4.8g/cm³；熔点在 1185℃ 以上。

二硫化钼的抗腐蚀性强，除硝酸、王水、沸腾盐酸、浓硫酸以外，对其他酸不起作用[12]；对碱性水溶液，才能起极为缓慢的氧化作用。但对强氧化剂不稳定。在水、油、酒精、乙醚等有机溶剂中稳定，不溶解。

二硫化钼具有良好的附着性能、抗压性能和减摩性能，摩擦系数一般在 0.03 ~ 0.15。试验表明，温度在 −60 ~ 350℃，二硫化钼都能很好地起润滑作用。

（2）二硫化钨（WS_2）。二硫化钨是六方晶系结晶，其晶格与二硫化钼的晶格相似，具有鳞片状层状外观，其性能优于二硫化钼：摩擦系数低，抗压性能好，开始氧化温度高。WS_2 也不受辐射影响，与周围气体不易起作用；在水、油、醇和大部分酸类中不溶解不起反应。二硫化钨密度为 7.4 ~ 7.5g/m³，莫氏硬度为 1.0 ~ 1.5。它特别适用于高压、高速及高温塑性成形过程的润滑。其使用温度一般可达 450℃ 左右，当在很短时间内完成成形时，更高的温度也有效。

（3）石墨。石墨是六方晶系的层状结构，黑色、片状[13]。在石墨的层状结构中，同一平面层内原子间的距离为 14.15nm，每个碳原子以共价键与相邻的三个碳原子互为 120°角相连接[4]，结合强度很高，而层与层间碳原子间距为 3.354nm，结合强度较弱。因此，受力后劈裂总发生于层与层之间，也就是说石墨的良好润滑性能是与它的层间结合强度弱、易滑动直接相关。

石墨也具有很高的耐磨、耐压性能，以及良好的化学稳定性，在水蒸气、氧、氨等气体中，润滑性能好，使摩擦系数降低。由于试验条件的不同，石墨的摩擦系数一般在 0.05 ~ 0.19 变化，在空气中常温下石墨对钢的摩擦系数为 0.1 左右。石墨作为高温润滑剂，大气下使用能到 55℃。如果添加五氧化磷等氧化抑制剂，可使用到 700℃ 的高温。

影响石墨润滑性能的因素：1）结晶性。石墨的结晶性好，并且硬度小，润滑性能好。2）纯度。纯度高，润滑性能好。3）粒度和粒子形状。粒度大，摩擦系数小，但在金属表面的涂敷性能差。因此，在使用时要综合考虑。粒子形状扁平的石墨，润滑性能好。4）环境。石墨容易吸附气体和水分，有利于润滑。

（4）氟化石墨。氟化石墨或称聚氟化碳，是由碳（包括石）与氟在 410～635℃ 温度范围内反应形成的稳定的无机高分子化合物，其晶体构造虽然也是层状组织结构，但与石墨的平面层不同，它呈现锯齿形。氟化石墨也具有良好的热稳定性和承载能力，在润滑过程中不一定需要吸收湿气，因此可应用于各种环境中。氟化石墨到 450℃ 高温有良好的润滑性能，摩擦系数与二硫化钼和石墨相当，特别是高温下摩擦系数较低。这说明氟化石墨适于高温下使用。

（5）聚四氟乙烯（PTFE）。聚四氟乙烯的商品名称为特氟隆，是由四氟乙烯聚合而成的高分子材料[14]。由于它具有很小的表面能，所以有很好的化学安定性和热稳定性。在高温下与浓酸、浓碱、强氧化剂均不发生反应，甚至在王水中煮沸，其质量和性能都没发生变化。聚四氟乙烯的熔点为 327℃，当使用温度为 -180～250℃ 时，其性能无变化。缺点是力学性能较差，抗压强度为 9MPa。因此，不加填料的聚四氟乙烯，不能使用于润滑部件。聚四氟乙烯具有很低的摩擦系数，一般为 0.04～0.1。这样低的摩擦系数总是在高负荷低速时出现。聚四氟乙烯在金属表面间可取向排列，形成几个分子层厚的润滑膜，层中原子间结合能力很强，而层与层间结合能力较弱，因此层与层间易滑动。由于氟原子能吸附于金属表面，使聚四氟乙烯在滑动中极短时间内，在金属表面形成较稳定的转移膜，所以摩擦系数很低，聚四氟乙烯在 385℃ 温度以下的各种环境中，都保持良好的润滑作用[15]。

（6）氧化铅（PbO）。氧化铅有赤色（正方晶体）和黄色（斜方晶体）两种。氧化铅的熔点为 88℃，这两种氧化铅的润滑性能差不多，在常温下摩擦系数较高，但随温度升高而降低。氧化铅对不锈钢有腐蚀作用，而且有毒，使用时要注意。

5.6　熔体润滑剂

对于加工某些高温强度大，对工具表面黏着性强，而且易于受空气中氧、氮等气体污染的钨、钼、钽、铌、锆、钛等金属及合金，以及在某些钢材的热加工（尤其是热锻与挤压）过程中，由于前述各类润滑剂均不能有效地起到防黏降摩与减少工具磨损的作用，从而出现了一种新型的润滑剂——熔体润滑剂。其中主要有玻璃，此外诸如沥青、石蜡等也属此类。

玻璃等熔体润滑剂的作用机理与流体润滑剂相同。当它们与温度很高的坯料表面相接触时被熔化，在摩擦界面上形成一层致密度很高的流体润滑膜，使两表面脱离了直接接触，并使相对剪切移动出现在熔体内部。

理想的熔体润滑剂应该是：在相应加工温度下的整个加工过程中呈现熔融状态，熔体能润湿金属表面并具有较好黏附强度，具有适当黏度，流动剪切强度低，黏度压力指数小，对加工金属表面没有损害，加工后易于去除等。

生产实践表明，在挤压生产中，使用玻璃及沥青等熔体润滑剂，在防止金属与模具、挤压筒及穿孔针之间产生金属黏着与黏附，减少工模具损耗与提高制品表面质量等方面，均有显著的效果。例如在挤压钛材时，使用玻璃熔体润滑剂可以克服由于模具粘钛而出现的制品表面深度划伤与周向裂纹。同时，由于熔融玻璃润滑层的隔热保温作用，还可以减少穿孔针的镦粗、拉断及模具压塌，克服因锭坯端头和侧表面温降过大，产生不均匀变形而使制品破裂与性能不均等问题。为此，要求玻璃熔体润滑剂能均匀地铺覆在各摩擦界面上。

熔体润滑剂的润滑效果与其组成性质及施加方法密切相关。目前所用的玻璃润滑剂的主要成分有 SiO_2、Na_2O、CaO、Al_2O_3、B_2O_3 等。其中，B_2O_3 所起作用较大，由它的含量可控制玻璃的黏度，并提高耐热性与热稳定性；SiO_2 可以提高玻璃的熔点、强度、热稳定性及化学稳定性，降低膨胀系数。因此，如何正确选择玻璃的组成成分，配制出能满足具体生产工艺要求（软化点、黏度等）的玻璃润滑剂是一个十分重要，而又较难做到的问题。这正是目前玻璃润滑剂未能广泛获得应用的主要原因。

在挤压时使用玻璃润滑剂的方法通常有：挤压筒或坯料表面用玻璃布包裹，锭坯表面滚粘玻璃粉，以及较广泛采用的坯料表面涂层法。坯面涂层法是将玻璃粉用水作分散介质，添加少量黏土、碳酸钾、硝酸钾或加入少量胶剂，调成悬浮体，再喷涂在锭坯外表面上。在生产过程中也可用悬浮体喷涂挤压筒、穿孔针及模孔表面。在现场生产中还有在熔盐中加热锭坯。此时，熔盐既是加热介质和防止锭坯大气污染时保护介质，表面残留的熔盐又是加工时的熔体润滑剂（只要成分配置合适）。

为了保证挤压模孔（尤其定径区）表面的有效润滑，通常由锭坯前端面带入一块玻璃垫。对于玻璃垫，从保证挤压初期的良好润滑出发，要求采用软化点较低、黏度较小的玻璃配方；但为了保证挤压后期仍有比较完整的润滑膜，又要求采用黏度稍大、软化速度较慢的玻璃配方。对于挤压筒区内的玻璃润滑剂也有类似要求。在使用中希望与锭坯直接接触的玻璃受热软化而包覆金属，并一层一层地流出，不接触部分不熔化，在随后的过程中逐渐熔化并流出，这样能保证润滑剂均匀不断地供给。

5.7 本 章 小 结

金属材料成形时的工艺润滑的主要目的是降低金属变形时的能量消耗、提高制品质量、减少工模具磨损。根据不同条件下的成形，提出了具有不同性能、不同材质的润滑剂，很大程度上满足了当前工业领域的广泛需求，为金属塑性加工润滑提供了理论基础和技术支持。

最后顺便指出，在挤压钛材及不锈钢一类材料时，为了进一步克服金属的黏附现象，往往预先对坯料进行磷化处理。再在钛合金及不锈钢表面涂覆玻璃润滑剂，可明显提高制品的挤出质量。

习题与思考题

5-1 简述金属材料成形加工工序的类别及金属塑性加工工艺用润滑剂的分类。

5-2 工艺润滑的主要目的可以归结为哪些？

5-3 根据金属材料成形的特点，在加工过程中需对其使用的润滑剂提出哪些要求？

5-4 选择润滑剂的主要依据是什么？请分别阐述。

5-5　简述金属材料成形润滑剂的分类。

5-6　简述金属材料成形润滑剂的作用及性能。

5-7　描述油脂性能的指标有哪些？

5-8　润滑油中的添加剂怎么分类？

5-9　简述动植物油在金属材料成形中的应用。

5-10　什么是水基润滑剂？

5-11　简述水基润滑添加剂的分类。

5-12　影响形成乳化液类型的因素主要有哪些？

参 考 文 献

[1] 黄瑶毓. 环境友好钛基润滑脂生物降解性能研究 [D]. 哈尔滨：哈尔滨工业大学，2009.

[2] 汪娜. 油气润滑在重轨台架移钢链条上的应用研究 [J]. 设备管理与维修，2019 (4)：28-30.

[3] 王永欣，胡艺纹，赵海超，等. 石墨烯基水润滑添加剂研究进展 [J]. 材料导报，2021，35 (19)：19055-19061.

[4] 鄢俊能. 铜基石墨自润滑轴承制备及摩擦磨损性能研究 [D]. 宜昌：三峡大学，2018.

[5] 宋家齐. 斗轮取料机回转支承故障分析及对策 [J]. 起重运输机械，2010 (5)：67-69.

[6] 梁轩. 淬火介质对 7075 铝合金厚板淬火残余应力的影响 [J]. 长沙：中南大学，2003.

[7] 李喜宝. 流延-叠层法制备平板型中温固体氧化物燃料电池的研究 [D]. 武汉：武汉理工大学，2010.

[8] 于涛，刘华沙，王超群，等. 烷基芳基磺酸钠对烷烃的乳化性能 [J]. 应用化学，2011，28 (5)：560-564.

[9] 开俊俊，周军成，吴国群. 浅析界面性质对乳胶基质稳定性的影响 [J]. 煤矿爆破，2010 (2)：9-12.

[10] 陈显勇. 铝材轧制中的摩擦学问题 [J]. 润滑与密封，1987 (2)：19-25.

[11] 汤靖婧. 铜-二硫化钼-石墨复合材料的制备及电磨损性能研究 [D]. 合肥：合肥工业大学，2010.

[12] 张蒙蒙，谢凤，李斌，等. 金属硫化物固体润滑剂简介 [J]. 合成润滑材料，2015，42 (3)：27-30.

[13] 曾行军. 自润滑刀具材料的制备及其在深冷环境下的性能研究 [D]. 西安：陕西科技大学，2020.

[14] 林宇，江纬，叶海华，等. 含氟聚合物的研究进展及应用 [J]. 广州化工，2022，5 (22)：45-49.

[15] 曹翔禹. 填料改性 UHMWPE 复合材料热膨胀与摩擦学性能研究 [D]. 北京：中国机械科学研究总院集团有限公司，2022.

6 典型金属材料成形工艺中的摩擦与润滑

金属材料成形是指金属坯料在外力作用下,利用其塑性使其发生永久变形获得预期形状、尺寸、组织和力学性能的加工方法,也称金属压力加工。根据坯料或工件的形状与变形方式,成形工艺分为:板、型、管、棒线轧制成形,管、棒线拉拔成形,型、管、棒挤压成形,自由锻、模锻锻造成形,拉延、深冲、变薄拉深等板材冲压成形等。每类成形过程各具特点,摩擦力在各类成形过程中所起的作用也不同,但都涉及工模具、工件及润滑剂三大组成部分。本章基于金属材料成形的特点,分别介绍轧制、挤压、拉拔、锻造及冲压五种金属材料成形工艺的基本概念、摩擦磨损特点及其润滑技术。

6.1 轧制成形工艺中的摩擦与润滑

在轧制过程中,轧件和轧辊之间总会有相对滑动,所以必然伴随有摩擦行为。摩擦力是轧件成形过程中重要的外力之一,不仅影响能耗和轧辊使用寿命,还直接影响轧件的表面质量及生产效率。能够改善摩擦性能使之满足工艺要求的润滑剂被称为工艺润滑剂。润滑剂除了降低接触面摩擦系数还有许多其他作用,例如增加耐磨性、隔热性以及抗氧化性等。由此可见,不同工艺要求所对应的润滑剂也应有所区别。

因此,研究轧制成形工艺的摩擦与润滑具有十分重要的实际意义,尤其是自动化水平日益提高的现代化工业生产中,采用适当的润滑工艺可以显著提高生产效率和产品质量。

6.1.1 轧制工艺

轧制工艺是指金属坯料通过至少两个旋转轧辊并发生塑性变形,使之减小横断面面积从而增加纵向长度的一种加工工艺。通过轧制生产出来的工件称为轧件,轧件具有一定的形状尺寸和性能。

根据加工过程可将轧制分为连续轧制和间断轧制。前者是将坯料一次送入轧机轧制成板带,坯料由两端送入轧机,中间经过一系列的变形,最后形成板、带或坯料。对于间断轧制,坯、带通过两根轧辊进行交替变形,最后经终轧而成形。后者是在轧制过程中进行再加热,然后轧制成一定形状的坯料。在初轧时就使金属组织发生变化,可获得一定组织和性能的成品。因此其生产工艺过程比较简单。

按照轧辊间的旋转方向以及轧件与轧辊的相对位置,可将轧制划分为三种:横轧、纵轧及斜轧。

(1)横轧。轧件在两个旋转方向相同的轧辊间作旋转运动,轧件只在径向上受到压力作用且轧件轴线与轧辊轴线平行(如图6-1所示)。该轧制方法可用于加工旋转体工件，例如钢球、丝杆以及周期断面型材等。

（2）纵轧。轧件在两个旋转方向相反的轧辊间做水平运动，轧件只在竖直方向上受到压力作用且轧件轴线与轧辊轴线垂直（如图6-2所示）。纵轧是生产矩形断面的板、带、箔材，以及断面复杂的型材常用的金属材料加工方法，具有很高的生产率，能加工长度很大和质量较高的产品。纵轧是钢铁和有色金属板、带、箔材以及型钢的主要加工方法。

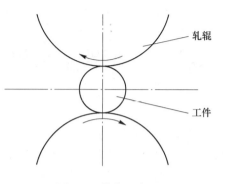

图6-1　横轧示意图

（3）斜轧。两轧辊旋转方向相同，轧件轴线与轧辊轴线成一定倾斜角度，轧件在轧制过程中，除有绕其轴线旋转运动外，还有前进运动，是生产无缝钢管的基本方法（如图6-3所示）。

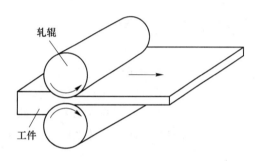

图6-2　纵轧示意图

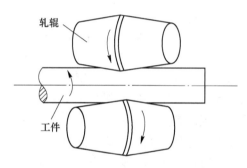

图6-3　斜轧示意图

6.1.2　轧制成形中的摩擦

摩擦条件对轧制过程的影响是多方面的。目前对摩擦条件的研究，最终都归结为对摩擦系数的研究[1]。摩擦系数的大小，受轧辊和轧件的材质、表面状态、压下量、轧制速度和润滑特性等一系列因素影响。因此，变形区内的摩擦条件是非常复杂的。而且，摩擦条件又与应力状态和其他因素之间相互关联、相互影响，从而使问题更趋复杂。因此，如何将包括摩擦条件在内的应力状态因素对轧制过程特性的影响规律正确地描述出来，无论是在理论上还是在实践上都是非常困难的。

轧制过程中，轧辊与轧件之间发生相对运动产生的阻碍接触表面金属质点流动的阻力，称为摩擦阻力或外摩擦力，摩擦力方向与运动方向相反。而轧件发生塑性变形时，金属内部质点产生相对运动（滑移）引起的摩擦，称为内摩擦。内摩擦引起金属本体内部剪切，并导致内部发热。到目前为止，对金属材料的内摩擦研究尚不够深入，资料亦很匮乏。因此，轧制过程中所论述的摩擦是指轧辊与轧件之间的外摩擦。

金属轧制过程的摩擦具有以下特点：

（1）内外摩擦同时存在。在轧制过程中由于金属发生塑性变形，所以内外摩擦同时存在，相互作用。而一般机械运动中只有外摩擦存在[3]。

（2）接触压力高。热轧时，接触单位压力达到 50 ~ 500MPa，冷轧时可达 500 ~ 2500MPa。而运转机械中，一般重载轴承所承受的压力也不过 20 ~ 50MPa[4]。

（3）影响摩擦的因素众多。接触摩擦应力是变形区内金属所处应力状态、变形几何参数以及轧制工艺条件（温度、速度、变形程度及变形方式等）的函数。例如，摩擦应力是接触面坐标点的函数，热轧时，越靠近变形区中性面处，接触摩擦应力越大；薄件比厚件的摩擦应力要大；低温时的摩擦应力一般比高温时的大。

（4）接触表面状况与性质不断变化。一般机械零件之间的接触属弹性变形范围，整体零件不会发生塑性变形，仅仅是因磨损而产生少量新表面。而金属轧制过程中轧件发生塑性变形，接触表面不断扩大和更新（内部质点转移至表面）。表面氧化膜破坏后，金属新表面裸露，都将引起接触表面状况与组织性能的改变。此外，冷轧时因加工硬化引起金属组织与性能变化，也会影响接触副摩擦状况的改变。

（5）摩擦状态复杂。在无润滑的条件下，尽管轧件和轧辊表面不可避免地被一层氧化膜和其他污染物覆盖，但仍可以认为该状态是干摩擦状态，即没有人为地施加润滑剂的摩擦状态。在润滑条件下，一般情况下认为是边界润滑状态。近年来，通过变形区内油膜厚度的测定研究，尤其是随着弹性流体动力润滑理论和塑形流体动力润滑理论的发展，均说明在一定条件下可以建成流体润滑状态。目前，普遍认为，润滑轧制的大多数情况属于混合润滑状态，即变形区内同时存在着干摩擦、边界润滑和液体润滑等区域。测定结果也表明，摩擦系数沿接触弧呈不均匀分布状态，而且不断发生变化，因此很难确定各种摩擦状态在变形区内所占面积的比例。目前为止，在所有的理论研究中，几乎都需要作出各种简化，大都假定摩擦系数沿接触弧均匀分布，取其平均值。

6.1.3　轧制工艺中的润滑

目前，现代化冷连轧机的速度已超过 40m/s，按相对滑动速度约为轧制速度的 15% ~ 20% 计算，其相对滑动速度已高达 8m/s 左右，这将产生大量的摩擦热，从而对轧制过程的生产特性和产品质量带来严重影响。为了进行有效的冷却，要求润滑剂在起到润滑作用的同时，必须对轧辊起到足够的冷却作用。另外，相对滑动速度的不断变化和在轧制过程中滑动方向颠倒，给解决摩擦和润滑技术问题增加了不少困难。

随着 20 世纪摩擦理论的进一步发展和金属表面分析技术的进步，润滑理论开始得到广泛重视。基于机械润滑理论与轧制工艺相结合衍生出许多轧制润滑理论，如边界润滑、流体润滑、混合润滑等。近年来纳米润滑发展迅速，人们开始关注其在轧制工艺润滑技术领域的应用[5]。

6.1.3.1　边界润滑

边界润滑是指从液体摩擦向干摩擦（摩擦副表面直接接触）转变前的一个临界状态。是指在粗糙表面间，产生局部接触的一种润滑状态。润滑剂的整体黏度特征还不能起到应有的作用，此时，由润滑剂与表面的交互作用以及产生的边界膜特性来确定摩擦表面的摩擦学性质。边界润滑是一种重要的润滑方法，在负载增加、转速加快或润滑物质黏度降低时，会使其发生边界润滑。此时，在摩擦表面有一种与介质性质不同的膜，其厚度小于 0.1μm，无法阻止摩擦表面的微小凸起，但具有良好的润滑作用，可以降低摩擦面之间的摩擦力和磨损。

边界润滑时，工具与工件表面接触的油膜对于防止黏附、减小摩擦系数及降低变形力起到了关键作用。然而，如此薄的油膜将无法承受高的压力，为此必须在润滑剂中加入含有极性的表面活性物质，又称润滑添加剂。摩擦学特性取决于薄层边界润滑剂与金属表面之间的相互作用，这时流体动压作用和润滑剂的整体流变性能对边界润滑几乎无影响。除了金属变形时表面微凸体的塑性变形，即接触力学外，边界膜的物理-化学特性对边界润滑产生重要影响。

边界润滑由于变形区内存在一层极薄的边界膜，既防止了轧辊与工件表面之间的黏附，又使工件表面得到了轧辊充分的碾压，这样致使轧后产品表面较为光亮并接近于轧辊表面粗糙度。

按照边界膜的形成机理，可以分为吸附膜和反应膜两大类。吸附膜又分成物理吸附和化学吸附。反应膜又分成化学反应膜和氧化膜。反应膜是润滑剂中活性分子与金属表面发生化学反应而生成的新的物质，考虑到冷轧时对表面质量的影响，在使用诸如硫、磷、氯等高反应活性的添加剂时应加以注意。相反，在热轧中反应膜应用非常广泛。

6.1.3.2　流体润滑

流体动力润滑，就是依靠被润滑的一对固体摩擦面间的相对运动，使介于固体间的润滑流体膜内产生压力，以承受外载荷而免除固体相互接触，从而起到减少摩擦阻力和保护固体表面的作用。此时，系统的摩擦力是由润滑剂分子的内部摩擦力引起的。液体润滑最大的优势在于摩擦较低，并且仅依赖于润滑剂本身的性质。但由于两个表面之间都有一层润滑油膜，所以在轧制时，工件处于近似自由变形的状态，很容易发生塑性粗糙化，使轧制后的金属表面具有很高的粗糙度。因而，在轧制成形时，液体润滑并非理想的润滑状态。

轧制变形区的入口处轧件与轧辊形成楔角，通过流体动压效应形成油膜，是轧制过程最基础和最重要的油膜形成机制。W. R. D. Wilson 在比较了弹性流体动力润滑和塑性流体动力润滑在轧制入口区的区别后，于 1971 年根据雷诺方程推导出了轧制变形区入口油膜厚度 h_a 的计算公式[6-7]：

$$h_a = \frac{3\eta_0 \theta R(v_a + v_r)}{x_a \left[1 - e^{-\theta(K - \sigma_{xa})}\right]} \tag{6-1}$$

式中　η_0——润滑油动力黏度；

θ——黏压系数；

R——轧辊半径；

v_a——轧件入口速度；

v_r——轧辊速度；

x_a——变形区长度；

K——轧件平面变形抗力；

σ_{xa}——轧制后张力。

该公式一直被广泛采用，求解油膜厚度具有相当高的精确度。但在生产实际中由于多种因素的影响，轧制变形区不会总处于流体润滑状态。

6.1.3.3　混合润滑

实际金属变形区多处于混合润滑状态，混合润滑又称部分流体润滑。随着流体润滑中润滑剂的黏度或速度降低，润滑油膜会变薄，如果发生了两表面微凸体相互接触，便可以认为开始了部分流体润滑或混合润滑。混合润滑的工件表面粗糙度介于流体润滑和边界润滑之间。

混合润滑两接触表面上的微凸体已发生部分接触，变形区内压力一部分仍由流体承担，另一部分则由相接触的微凸体承担，表面微凸体的大小、方向性已明显影响到润滑剂的流动以及油膜厚度。因此，若仍用雷诺方程求解混合润滑问题显然是不合适的。

Patir 和 Cheng 于 1978 年提出了"平均流动模型"（average flow model），用于解决粗糙表面的润滑问题，并且从理论和实践上都取得了相当满意的结果[8]。在平均流动方程的基础上，通过引入一个无量纲参数接触因子，反映了表面某一点处于非接触的概率。此外，还有压力流量因子、剪切流量因子、混合因子等无量纲参数，用于修正流体动力学模型在速度较低时的计算结果。引入混合因子 φ_m 后入口膜厚 h_a 为：

$$h_a = \varphi_m \frac{3\eta_0 \theta R(v_a + v_r)}{x_a \left[1 - e^{-\theta(K - \sigma_{xa})}\right]} \tag{6-2}$$

此外，金属发生塑性变形时，由于下层金属发生流动，向纵向伸展，导致对表面粗糙峰产生拉应力，致使表面凸峰变形时所需外界压力减少，凸峰被压平，凹谷则上升。Sutclife 和 Wilson 采用变形时滑移线场和速端图对此进行了定量分析。结果显示整体塑性变形趋势减小了凸峰的有效硬度，使金属变形中的混合润滑机理复杂化，这种现象将导致高比例的接触面积，也使粗糙表面间传统润滑模型不再适用。

6.2 挤压成形工艺中的摩擦与润滑

金属材料体积成形的变形量比面积成形要大得多，金属材料与模具表面的接触压力也要大得多，金属材料与模具之间的相对滑动时的摩擦状态是十分复杂的。同时在金属材料的体积成形过程中，还将产生许多新生的表面，新生金属材料表面的物理-化学性质与原金属材料的表面不同，因此其接触表面的摩擦状态也更加复杂，润滑更加困难。合理的润滑剂及其施加方式对金属材料的体积变形能力、模具的使用寿命以及体积成形工件的表面质量均有着十分重要的影响，还需要进行深入的研究，以便扩大体积成形的使用范围，加工出形状更复杂，甚至形状不对称的零件。

挤压是一种常见的体积成形工艺，挤压时，金属在挤压筒中的流动特性对所需挤压力和制品的质量有重大影响。以正挤压为例，在一般情况下，整个挤压坯料体积可分为弹性区、塑性变形区和滞留区（死区）三个区域。各区的大小和位置取决于变形金属的性质、金属与挤压工具间的摩擦力大小、延伸系数、金属温度的不均匀性和挤压模入口锥度等许多因素。其中最主要的因素之一就是坯料侧表面和挤压筒壁之间的摩擦。

6.2.1 挤压工艺

挤压成形工艺是将金属合金放入模腔中，通过一定的三向压应力，得到模具孔口形状、尺寸和力学特性的挤出工艺。与传统的轧制工艺相比，挤出成形工艺不再依赖于一套高成本的大孔型模具，只需合理地设计出一套适合于孔型的模具。由于其高的加工效率和灵活性，在各种材料的制造中得到了广泛的应用，特别是钛合金这种显微组织和力学性能优越的合金材料。为了保证铸坯能够快速地穿过挤出机芯，减小铸件在挤出时的热量损耗，避免铸件在挤压时表面的温度下降，并尽可能地缩短铸件与其他低温铸件的接触时间，从而提高铸件的表面质量，避免铸件表面的温度上升，从而影响铸件的使用寿命。挤出机所用的材料应尽可能选择具有较高温度的新型挤出模作为原材料，以提高模具的使用寿命。

正向挤压法的原理如图 6-4 所示，正向挤压时需要的挤压压力大，具有加工形状复杂、塑性低、不易变形、截面复杂的异型，能改善型材的加工精度、表面粗糙度，简化工序，操作简便。

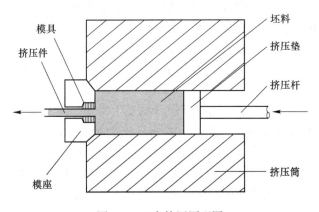

图 6-4　正向挤压原理图

逆向挤压法的原理如图 6-5 所示，逆向挤压时需要的挤压力很小，这种生产工艺的优势是挤压时挤压力不变，挤压的型材变形均匀、成品率高，可以挤压大型型材，有利于提高设备的效率和生产的连续性。但与正向挤压相比，挤出型材表面存在缺陷，从而降低了产量。

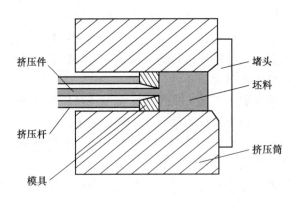

图 6-5　逆向挤压原理图

6.2.2　挤压成形中的摩擦

6.2.2.1　挤压成形的磨损

当两个纯净的金属表面被压接到原子键力范围之后，将发生焊合在一起的现象，即金属的黏着。在金属材料成形过程中，由于金属的塑性变形，使新生表面不断出现，随着温度的升高、压力的加大，在摩擦面上润滑膜被破坏，工具与变形金属直接接触，而产生金属的黏着。

在金属材料成形过程中产生黏着是非常有害的，不仅摩擦力增大，更重要的是损伤金属材料的表面。在成形过程中工具与变形摩擦面上形成金属黏着，一般经过以下四个阶段：

（1）表面膜破坏。由于变形金属表面积增加、温度升高及接触面压力增加等原因，使润滑膜、氧化膜或者吸附膜等局部破坏。

（2）接触焊合。袒露的新鲜基体金属与工具紧密接触而产生相互焊合。

（3）剪切断裂。由于相对滑动在金属表面附近产生激烈的剪切变形，表层黏着点发生断裂或出现裂纹。

（4）表面损伤。黏着点的金属转移到工具的表面或者脱落，形成金属材料的表面损伤。

影响黏着的因素有：

（1）塑性变形。随着金属塑性变形的进行，变形金属的表面积不断增加，在接触面上，这种新增加的纯净金属表面，若无润滑剂的及时修补，将发生金属间的直接接触，使黏着的概率增大。

（2）摩擦面温度。摩擦面上的温度达到由润滑剂和材料决定的临界温度时将发生黏着现象。临界温度随润滑剂、材料以及氧化剂的性质而异，一般认为，使金属表面上定向吸附的分子失去取向的温度或者润滑剂表面膜的熔点就是临界温度。

（3）膜厚比。膜厚比指润滑膜厚度与摩擦两表面合成粗度的比值。由膜厚比可以推定两表面间的接触状态，推测流体润滑膜的破坏度，当膜厚比小于其临界值时，润滑膜破坏，发生金属间的直接接触，进而产生黏着。

（4）成形速度。随着成形速度的增加，摩擦面的温度升高，润滑油的黏度降低，油膜的厚度减小，甚至造成表面吸附分子取向性丧失，促进黏着的发生。另一方面，随着成形速度的增大，润滑油的导入量增多，油膜厚度增大，防止金属间直接接触，限制黏着现象的发生。综上所述，成形速度对黏着的影响，最终要分析哪种作用占主导。

6.2.2.2 挤压成形的摩擦

冷挤压技术是一种高精度、高效率、优质低耗的先进生产技术。冷挤压一般不需要机械加工，其加工产品表面粗糙度低、工序少；同时冷挤压工艺对材料有加工硬化作用，可以提高挤压件的力学性能。

在大多数情况下，冷挤压中的摩擦是一个不利因素。主要产生以下不利影响：

（1）接触压力和摩擦力大，加快了模具的磨损，缩短了模具的使用寿命。

（2）金属材料三向压应力，使变形力及变形功增加，需要较大吨位的设备。

（3）增加了从模具中取出冷挤压件的难度，有时会产生工件粘模现象，影响正常生产。

（4）挤压件内部变形不均匀分布，产生附加应力和残余应力，从而降低了产品质量。

在挤压过程中，摩擦的存在并非都会给金属变形过程带来不利的影响。在一定条件下，摩擦却显得非常的重要，因此，在不发生黏着的前提下，希望增加摩擦。下面举例说明：

（1）挤压的最后阶段，挤压力变高，坯料后端的金属趋于沿挤压垫片端面流动，而产生缩尾。此时，若金属与挤压垫片的摩擦减小，金属向内流动就越容易，产生的缩尾就越长。因此，还常常在金属与挤压垫片之间放置石棉垫片或在挤压垫片上车一些同心环以增大摩擦系数，减小缩尾。

（2）在型材的挤压模具设计时，为了避免挤压制品出现翘曲、扭转、边浪和边裂等缺陷，需要用模具定径带上的摩擦阻力调节金属的流动状态，减小和消除同一截平面内的流速差，避免在型材中产生附加拉应力，从而消除由此引起的各种缺陷。

（3）有效摩擦力挤压法是通过使挤压筒前进的速度比挤压轴前进的速度快，使坯料表面上的摩擦力方向指向金属流动的方向，摩擦力产生有效作用。研究表明，速度选择适当时，可以完全消除挤压缩尾现象。该方法与正向无润滑挤压相比，可以降低挤压力15%～20%，能够在较低的挤压温度下挤压，具有提高金属流出速度和制品的成品率、改善制品的质量等优点。

（4）连续挤压方法以旋转轮代替挤压筒，通过旋转轮与坯料之间的接触摩擦力产生挤压力，迫使金属沿着模槽方向前进，形成不间断的连续生产。连续挤压时坯料与工具表面的摩擦发热较为显著，因此，对于低熔点金属，如铝及铝合金，无需进行外部加热即可使变形区的温度上升400～500℃而实现热挤压。

6.2.3　挤压工艺中的润滑

6.2.3.1　挤压润滑的目的

为了减少或消除塑性成形过程中外摩擦的不利影响，往往在工模具与变形金属的接触面上施加润滑剂，进行工艺润滑。工艺润滑的主要目的可以归结为：

（1）降低金属变形时的能量消耗。当使用有效的润滑剂时，可以大幅减小或消除工模具与变形金属的直接接触，使表面间的相对滑动剪切过程在润滑层内部进行，从而大幅降低摩擦力以及由于摩擦阻力而造成的金属附加变形抗力，大幅减小加工过程中能量的消耗。

（2）提高制品质量。如前所述，当工模具与变形金属表面直接接触时，会产生金属黏着、黏附以及黏着磨损，由此可导致制品表面黏伤、压入、划道以及尺寸超差等缺陷或废品。此外，在工艺润滑不良的情况下，摩擦阻力对金属表层与内部质点塑性流动阻碍作用的显著差异，致使各部分的物理变形程度（剪切变形）——晶粒组织的破碎程度明显不同。因此，采用有效的润滑方法，有利于提高制品的表面质量和内在质量。

（3）减少工模具磨损，延长工模具使用寿命。润滑能够消除或减弱工模具与变形金属间的黏着、黏附以及在接触过程中元素的相互扩散、进而改变工模具材料性质的有害作用，并能起到减少摩擦、降低面压、隔热与冷却等作用。所有这些都使恶劣摩擦条件得到明显改善，从而使工模具磨损减少，使用寿命延长。例如在钛材挤压中，当采用有效的玻璃润滑剂及润滑方法时，一只模具可以连续挤压许多根棒材，反之，一只模具即使只挤压一二根棒材，也很难保证其表面质量。挤压生产中，模具的润滑对减少模具的磨损与压塌变形损坏，降低模具消耗以及生产成本尤为重要。

6.2.3.2 流体静压润滑

在金属材料成形中完全利用流体静压润滑作用的加工方式有静液挤压等。静液挤压优于一般液压机械挤压。首先在锭坯与挤压筒壁之间毫无摩擦，而且由于高压液体介质模具与变形金属界面上形成一层油膜，起到润滑作用，使总挤压力进一步降低。静液挤压时的总压力比反向挤压时的压力还要低得多。

其次，在静液挤压时，由于模具周围有液体介质压力的作用，因此可以使用薄壁模具。同时，由于润滑良好，使得模具的磨损很小，从而可以获得高精度的挤压材。最后，由于挤压筒壁与金属坯料之间摩擦大幅减小，从而使金属流动均匀，并能加工一般挤压法难以加工的材料（如热黏着性大的钛材以及变形抗力大的高速钢材等）。

但是，在金属材料成形条件下，由于种种原因，在工模具与变形金属的接触界面上，往往只是在局部区域出现流体静压润滑，形成所谓的"半连续流体润滑状态"。较常见的三种半连续流体润滑状态及其产生原因如下：

（1）变形金属表面波纹的波峰或表面凸起与工具接触处形成边界润滑区，而凹谷部分成为"润滑小池"，形成不连续的流体滑区。

（2）在润滑剂效果不好、压力较大等不利条件下，上述边界润滑区转换成黏着（焊合）区，而凹谷处仍为"润滑小池"。

（3）由于变形不均匀，局部金属表面凹陷，或由于工具弹性变形不一，金属表面下凹，从而在局部区域形成"润滑小池"。

6.2.3.3 固体润滑膜

在加工某些难加工合金（如高碳钢、不锈钢、钨、钼、钽、铌、钒、锆、铪等）时，使用含有油性添加剂甚至极压添加剂的润滑油，往往很难满足要求，而必须预先对金属表面进行处理，形成润滑底层，然后配合使用固体润滑剂，在表面再形成一种固体润滑膜。

金属表面的润滑底层可以用物理、化学或机械的方法形成。根据不同金属的性质，采用不同方法，获得有效的表面处理膜。例如，拉拔碳素钢通常是用石灰、硼砂、锈化物（氢氧化铁）以及磷酸盐等处理而形成润滑底层；不锈钢及合金钢通常是用石灰加食盐、石灰加牛油以及草酸盐等处理而形成润滑底层。但一般认为在钢件冷加工中，磷酸盐膜及草酸盐膜用得最广，不仅润滑效果好，同时也使产品具有防锈性。此外，可以在有些金属（如稀有金属）的表面上镀一层软金属（如铜等）以作润滑底层。有些金属则可以使其表面形成轻微氧化膜，如在钛、铌、钒丝拉拔前采用短时接触通电加热，这样既可生成理想的均匀氧化膜，又可使金属获得一定程度的软化。

对于作为润滑底层的表面处理膜，要求能与基体金属牢固结合，基体塑性变形时不破裂，有较好的耐压、耐磨与耐热性质。同时，希望处理膜表面孔隙多，表面积大，对润滑剂有较强的吸附能力，从而能有效地成为润滑剂的载体，达到良好润滑的目的。

经表面处理的坯料，加工时也可配合使用乳化液或润滑油进行湿式润滑，但较多情况是使用粉状固体润滑剂（肥皂粉、石墨及二硫化钼粉末），或把固体粉末与油脂混合成糊状（或乳状）润滑剂使用。

在金属材料成形中，石墨与二硫化钼固体润滑剂用得较多，使用方法有：直接使用干粉，并常与皂粉混合；与其他油脂调成糊状，黏附到坯料表面配制成专用乳剂（油剂或水剂）。在使用时最好对坯料表面进行预处理，以提高它们的使用效果。

6.3 拉拔成形工艺中的摩擦与润滑

6.3.1 拉拔工艺

6.3.1.1 拉拔的基本概念

拉拔是在外加拉力作用下，使金属通过模孔获得所需形状和尺寸成品的塑性加工方法，如图 6-6 所示，主要应用于金属棒、线、管等工业原材料的生产[9-10]。拉拔通常是一种冷加工过程，该成形工艺具有管材表面光洁度高、尺寸控制精度高、拉拔力小、道次变形量大、生产效率高的优势[11]，可获得高精度、高表面光洁度线材和管材，如尺寸各异的无缝管材、异形管材、异形棒料等。根据拉拔制品的断面形状，可将拉拔方法分为实心材拉拔和空心材拉拔。拉拔工艺在铁、铜、铝及其合金等金属材料的塑性加工中占有非常重要的地位。

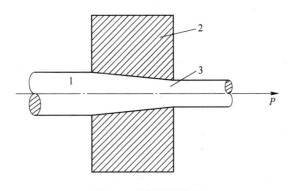

图 6-6 拉拔过程简图

1—拉拔坯料；2—模具；3—拉拔制品

6.3.1.2 拉拔加工的特点

A 金属流动特点

在一定程度上，拉拔与挤压的金属流动变形相似，拉拔前后的坐标网格变化情况也基本相同，但是，拉拔的变化比挤压简单，金属流动的不均匀性也比挤压时小。

变形区内金属的变形规律（如图 6-7 所示）：金属的延伸变形外层大于内层；金属的压缩变形有相同的结论，主要由于外层金属对心部金属有附加拉应力作用[12-13]。

B 金属成形特点

（1）表面粗糙度低，尺寸精度高；

（2）制造机器简单，便于维护，一机两用；

（3）适用于连续高速生产断面尺寸小的长尺产品（Al、Cu 拉拔纤维直径可小至 $10\mu m$）；

（4）变形道次多，工艺过程长；

（5）变形区内的应力状态是：一向拉伸，两向压缩。

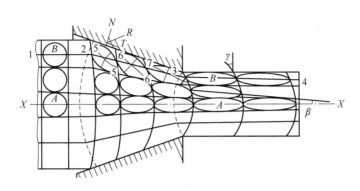

图 6-7　拉拔成形特点[14]

6.3.1.3　拉拔方法

按制品种类进行分类：空心材拉拔、实心材拉拔。

实心材拉拔：棒材、型材、线材；

空心材拉拔：管材（空拉、长芯杆拉拔（W、Mo 加工或塑性差的材料）、固定芯头拉拔（广泛应用）、游动芯头拉拔（适于长管的较先进方法）、顶管、扩径拉拔）、空心异型材。

（1）空拉。在拉拔时，管坯内部不放置芯棒（见图 6-8（a））。变形特点：减径、不减壁。减径的过程中，壁厚与外径和壁厚的比有关。但是当减径量较大时，拉拔后的内表面会比较粗糙。空拉分为减径与成形两类。减径空拉：可控制生产直径尺寸较小的管材。成形空拉：多用于简单的异型断面的管材生产。

（2）长芯杆拉拔。通过把管坯套在一个经过打磨的圆形芯杆上，把芯杆连同管坯一同从模具孔口拔出，从而达到减径、减壁的目的（见图 6-8（b））。

特点：由于管坯和芯杆间的摩擦与拉伸方向相同，因此降低了拉伸力，提高了一次加工效率；对于薄壁、低塑性管件，能有效地避免拉拔过程中出现的不稳定及断裂现象。长

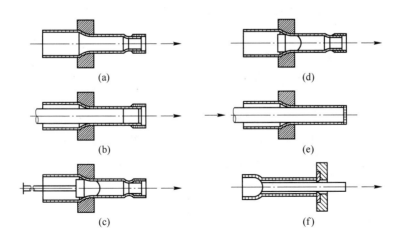

图 6-8　管材拉拔的基本方法

（a）空拉；（b）长芯杆拉拔；（c）固定芯头拉拔；（d）游动芯头拉拔；（e）顶管；（f）扩径拉拔

芯杆拉拔适用于薄壁、低塑性合金管，但需制备大量的磨光长芯杆。

（3）固定芯头拉拔。拉拔时，将带有芯头的杆固定，管坯通过芯头与模孔之间的间隙实现减径、减壁（见图6-8(c)）。

在钢管制造过程中，固定芯头法是一种常用的拉拔工艺。管道的内壁比空拉的要好，但是对于细长管道的拉拔则不适用。

（4）游动芯头拉拔。在拉拔过程中，芯头不需要固定，而是依靠其自身的轮廓形成力平衡，将其稳定在模孔内，从而达到减径、减壁（见图6-8(d)）。

游动芯头拉拔是一种比较先进的钢管制造工艺，特别适用于长管和螺旋管的制造，对提高产量、效率以及钢管的内壁质量都有很大的好处。

（5）顶管。把芯棒插入有底部的管坯内，在工作过程中，芯棒随管坯一起从模具孔口排出，达到了减径、减壁的目的（见图6-8(e)）。顶管工艺是制造大口径钢管的一种工艺方法。

（6）扩径拉拔。将扩口芯装在小直径的管坯内进行拉制，经过扩口芯后，管坯的直径变大，壁厚变薄，长度变短（见图6-8(f)）。在设备能力有限的情况下，可以用来制造大口径的管坯。

6.3.1.4 拉拔的优缺点

A 主要优点[15]

（1）尺寸精度高，表面光洁。

（2）工具、设备简单。

（3）连续高速生产断面小的长制品。

B 主要缺点[16]

（1）由于受拉伸力的制约，各道次的变形都很小，因此常常要经过几道次的拉拔才能得到最终的产品。

（2）由于加工硬化效应，两次退火之间的总变形值不宜过大，否则将会导致拉伸道次增多，生产率下降。

（3）在生产低塑性和高加工硬化的金属材料时，因受到拉伸应力的影响，容易出现表面开裂，甚至断裂。

6.3.1.5 金属拉拔时的变形与应力

金属的流动与变小的情况下，在真实的接触面上，由于拉应力较大，所以真实的接触面上的应力也较大。

拉拔产生摩擦时，一方面，由于接触点产生瞬时高温使金属发生黏着。另一方面，黏着点在物体相对运动过程中受剪切而撕脱，使相对运动的两金属发生滑脱。因此，坯料与模具的相对运动就是黏着撕脱交替进行的过程。这个过程中的各黏着点被剪切而撕脱的阻力的总和，是构成摩擦力的主要部分[17]。其值为

$$F_m = A_1 \tau_s \tag{6-3}$$

式中 F_m——摩擦力；

A_1——黏着面积；

τ_s——坯料的剪切强度。

构成摩擦力的另一部分是，当硬金属粗糙表面在软金属表面上滑动时（拉拔模属于硬金属，变形金属属于软金属），硬金属表面上的微凸体就会压入软金属，使之发生塑性变形并犁出沟槽，此时因犁削金属而产生的摩擦阻力叫犁沟分量[18]。当两表面较光滑时，它与黏着造成的摩擦力相比影响较小。

在很大的接触压力作用下，接触点上的金属将发生塑性变形。这时，塑性接触点上的应力等于较软金属的压缩屈服极限 σ_f。此时评价摩擦力大小的摩擦系数用下式计算：

$$f = \frac{F}{N} = \frac{A\tau_s}{A\sigma_f} = \frac{\tau_s}{\sigma_f} \tag{6-4}$$

即：摩擦系数为金属的剪切强度与压缩屈服极限的比值。

分子-机械理论认为：在很大单位压力作用下，摩擦物体接触时处在弹塑性混合状态，且表面相啮合，两金属相对运动时要克服相互间的啮合和分子间的吸引力。摩擦系数 f 定义为摩擦力 F_m 与接触压力 N 及金属分子间引力 N_0 之和的比值。即

$$f = \frac{F_m}{N + N_0} \tag{6-5}$$

在金属拉拔过程中，总的能耗分为以下几个方面[19]：

（1）使金属材料产生有效变形所需的能量。

（2）使金属材料产生不均匀变形及内部滑动的内摩擦损失所需的能量。

（3）用于克服金属与模具间的外摩擦损失的能量。

研究表明，拉拔中总能量的 10% 消耗于金属与模具间的外摩擦。当低速拉拔时，于金属界面产生的热量，几乎都传到金属与模具中。而在高速拉拔时，产生的变形热和摩擦热来不及传递，从而使模具与金属界面的温度急剧上升，引起润滑膜的破坏，发生黏结现象[20]。

随着摩擦系数的增加，摩擦能耗占总能耗的比例增加。当摩擦系数 f 在 0.02 ~ 0.1 变化时，断面收缩率为 10% ~ 40%，摩擦消耗功所占的比例也由 6% 增加到 40%。

（1）拉拔过程受力分析。金属在拉拔过程中，各个方向的金属由于受应力不同，产生不同的流动方向，影响金属的表面质量。图 6-9 所示为拉拔过程变形区金属应力分布。

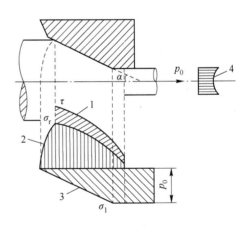

图 6-9 拉拔过程变形区金属应力分布

τ—摩擦应力（分布如 1）；σ_r—径向应力（分布如 2）；σ_1—拉应力（分布如 3）；p_0—拉拔力（分布如 4）

（2）摩擦对拉拔过程的影响。拉拔过程包括材料、模具、润滑剂、拉拔工艺等各种因素条件，各因素之间相互影响关系见图 6-10。

1）摩擦对拉拔力的影响。金属拉拔时，拉拔力由金属的变形抗力、变形程度、摩擦力、模具的形状等因素决定。根据加夫里林科（А. П. ГАвриленко）拉拔力 p 的计算公式有：

$$p = p_1 + p_2 + p_3 + p_4 \tag{6-6}$$

式中　p_1——产生变形与克服变形区摩擦所需的拉拔力分量；

　　　p_2——使变形区入口和出口各层金属弯曲所需的拉拔力分量；

　　　p_3——克服由摩擦引起的附加剪应力所需的拉拔力分量；

　　　p_4——克服模具定径带上的摩擦所需的拉拔力分量。

由上式可以看出，除 p_2 外所有拉拔力分量都与摩擦有关。据统计：由摩擦引起的拉拔力分量之和占总拉拔力的 30% ~ 50% 。由此可见，摩擦对拉拔力的影响十分显著。

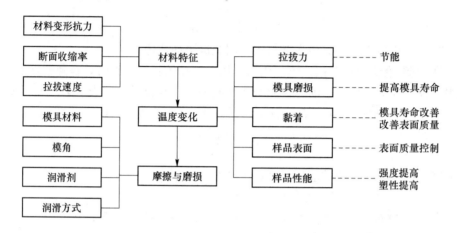

图 6-10　拉拔过程各因素关系图

由 Siebel 公式和 Wistreich 公式计算拉拔力，进一步表明摩擦系数与拉拔力的关系，即

Siebel 公式
$$p = KF_1\left[\phi\left(1 + \frac{\mu}{2}\right) + \frac{2}{3}\alpha\right] \tag{6-7}$$

Wistreich 公式
$$p = KF_1\frac{2\gamma(1 + \mu\cos\alpha)}{2 - \gamma}; \quad p < \frac{25\gamma}{2 - \gamma} \tag{6-8}$$

式中　K——金属变形抗力；

　　　F_1——变形后金属截面积；

　　　ϕ——对数变形率；

　　　γ——断面收缩率；

　　　α——模具半锥角；

　　　μ——摩擦系数。

根据式（6-7）计算可知，当对数变形率 $\phi = 0.2$ 时，摩擦系数从 0.03 减少到 0.01，拉拔力降低约12%。

2）摩擦对拉拔温度的影响。拉拔时变形区产生的热效应来源于变形功和摩擦功，单位面积上的摩擦功 ω_f 可由下式表示：

$$\frac{\mathrm{d}\omega_f}{\mathrm{d}s} = \mu p \tag{6-9}$$

式中　μ——摩擦系数；

　　　p——单位面积上的压强。

拉拔时接触面的摩擦功几乎全部转化成热。因此，拉拔过程中金属温度升高的同时，模具的温度也会急剧升高。在连续拉拔机上，钢丝累积温升可达 500~600℃。虽然大部分热量被钢丝带走，但由于热传导作用，仍有 13%~20% 的热量被模具吸收。经计算，在断面收缩率 27%、拉拔速度 37m/s 时，模口温度可达 500℃。同时，由于模孔内温度分布不均，局部高温会造成严重磨损。拉拔管材时，模套与芯头热膨胀系数不同，影响管材壁厚，甚至导致管材爆裂。

3）摩擦对拉拔速度的影响。摩擦对拉拔速度的影响与温度有关，而拉拔速度取决于变形区的摩擦系数和变形区的几何条件。根据 Siebel 的拉拔温升计算公式，在金属材质与拉拔变形条件相同的条件下，最大拉拔速度 v 与摩擦系数 f 的平方的乘积为一常数，即：

$$v\mu^2 = 常数 \tag{6-10}$$

由上式可知，摩擦系数限制了拉拔速度的提高。以拉拔钢丝为例，若钢丝的平均变形抗力为 2500MPa，对数变形率为 0.3，摩擦系数由 0.03 降低到 0.02，则最大拉拔速度可从 4m/s 提高到 9m/s。

4）摩擦对变形的影响。由于摩擦的存在，导致拉拔过程中产生附加剪切变形，造成拉拔制品沿轴向向外的金属流动速度不同，发生不均匀变形，产生残余应力。拉拔时摩擦系数越大，不均匀变形程度越严重，残余应力也越大。这直接影响到拉拔制品的力学性能，严重时会引起拉拔棒线材表面起皮起刺、开裂，内部出现周期性裂纹等缺陷，如图 6-11 所示。

（3）摩擦的影响因素分析如下：

1）模具锥角。模具锥角减小，拉拔时金属与模具内壁的接触面积增加，摩擦力也随之增加；锥角增大，虽然接触面积减小会导致摩擦力的降低，但是变形区金属的单位压力增大，同时润滑锲角减小，润滑条件恶化，进而又使拉拔力和摩擦力增加。因此存在一个合理的模具锥角，其对应的拉拔力和摩擦力都为最小。

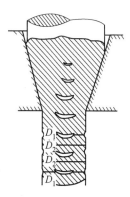

图 6-11 拉拔轴向裂纹

2）定径带长度。增加模具的定径带长度可以延长模具的使用寿命，但也使出口的摩擦力增加，特别是当变形程度较小时，克服定径带摩擦的力可占总拉拔力的 40%~50%，此时定径带的长度必须加以考虑。

3）模具材质。模具材质也是影响摩擦力和拉拔力的重要因素之一。在其他条件相同的情况下，钻石模的拉拔力最小，硬质合金模次之，钢模的拉拔力最大，因为模具材质越硬，表面越光滑，拉拔时金属黏着就越少，摩擦系数也越低。

6.3.2 拉拔工艺中的润滑

6.3.2.1 拉拔润滑剂的基本要求[21]

（1）对金属与工具具有较强的黏附力和耐压性能，以保证拉拔时在接触表面形成稳定的润滑膜。

（2）具有良好的化学稳定性，对金属和工具无腐蚀作用；

（3）具有良好的冷却、散热性能，润滑性受温度影响小；

（4）具有适当的闪点和着火点，使用安全，对人体环境无害；

（5）成本低。

6.3.2.2　拉拔润滑过程

拉拔过程中的润滑需要进行两个过程：皮膜处理，使用润滑剂。皮膜处理的目的：增加润滑剂对金属表面的吸附性能，提高润滑效果。皮膜包括碳酸钙肥皂皮膜、磷酸盐皮膜、硼砂膜、草酸盐膜、金属膜、树脂膜。

润滑剂分为湿式润滑剂和干式润滑剂两种，其内容为[22-26]：

（1）湿式润滑剂。湿式润滑剂是膏状或油状润滑剂，其主要成分有牛油、菜籽油、豆油等动植物油，锭子油、机械油等矿物油，脂肪酸金属皂、蜡等油性剂，一些含有 S、P、Cl、B 等元素的极压剂及表面活性剂等。使用时将润滑剂掺水，制成均一的液体。水基拉拔油剂具有冷却性好、价廉和安全等优点。其缺点是润滑性能较差，容易变质发臭，因而使用受到一定限制。小直径（2.0mm 以下）的金属丝大都是湿式拉拔的，如光面钢丝、镀铜、镀锌等镀层钢丝、铜丝等，其工艺特点是金属丝及模具浸泡在水基润滑剂中完成。水基润滑剂大都是一些偏碱性的，由多种化学品组成的混合物，pH 值是其一个重要属性，pH 值的高低反映润滑剂的状态及内在性质，对使用性能如防腐性、防锈性、润滑性、抑菌性等影响很大，pH 值小于 7，乳化液即遭破坏，失去润滑性。因此生产中应严格加以控制，以使其处于最佳状态。大部分润滑剂常使用脂肪酸皂作乳化剂，其在拉拔铜丝、镀锌钢丝时，常因铜、锌金属的溶解而生成脂肪酸的铜、锌皂沉淀，从而因生成游离碱使 pH 值逐步升高，维持润滑剂稳定。因此，从润滑剂的研制角度考虑，应生产出耐酸、碱侵蚀的较稳定的润滑剂。其主要措施有：乳化剂采用在酸、碱中均有表面活性的非离子表面活性剂，润滑、极压组分采用硬脂酰胺、MCA 等超细固体稳定化合物，添加具有能较大吸收残酸的耐酸化合物等，以使整个润滑体系具有一定的酸、碱缓冲能力。

（2）干式润滑剂。干式润滑剂为粉末状，使用时不与水或油调和，而是直接送到润滑面上。在拉拔过程中干式润滑剂在压力和热的作用下软化，由粉末变成流动性的润滑膜黏附和铺展在金属表面起润滑作用。和湿式润滑剂相比，冷却效果差，所以常辅以机械方法进行冷却。最早使用的干式润滑剂是石灰皂液，其中硬脂酸钙、硬脂酸钡等金属皂是润滑剂。它由油脂、脂肪酸、水和石灰在一定条件下反应制得，制备工艺不同，所得润滑剂的性能也不同。一般石灰用量占干式润滑剂总量的 45% 左右。石灰本身无润滑作用，但它可调节金属皂的软化点和作为金属皂的载体。近年来随着拉拔速度大幅度提高，为提高润滑效果，在干式润滑剂中加入滑石粉、二氧化钛、石墨、二硫化钼等固体润滑剂和含硫的极压添加剂。

6.3.2.3　拉拔润滑的意义

为减小拉拔过程中的摩擦，采用合理有效的润滑剂和润滑方式具有十分重要的意义。拉拔中润滑的作用主要表现在：

（1）减小摩擦[27]。在拉拔过程中，有效的润滑（良好的润滑剂和润滑方式）能降低拉拔模具与变形金属接触表面间的摩擦系数，降低表面摩擦能耗，减小拉拔力，降低拉拔动力消耗。

（2）减小磨损、提高生产效率[28]。有效的润滑能减少拉拔时模具的磨损。这样，不但能降低生产成本，还减少了更换、修理模具所用的时间，提高了生产率。并且能降低劳动强度，保证产品的尺寸精度。

（3）提高拉拔产品的表面光洁度[29]。一般拉拔产品都要求具有光洁的表面，拉拔时润滑不良会出现拔制产品表面出现发毛、竹节状，甚至出现裂纹等缺陷。因此，有效的润滑才能确保拉拔过程的稳定和产品的表面质量。

（4）降低拉拔产品表面温度[30]。当线（丝）材在模孔中进行塑性变形时，为了克服变形抗力及与模壁间的摩擦力，外力需消耗很大能量，同时产生很大热量。在有效润滑的条件下，摩擦发热会大幅地减小，尤其是湿法拉拔，润滑液能将产生的热很快传递出去，从而控制模具温度不会过高，同时会避免因温度过高而导致的润滑剂失效。

（5）减小拉拔产品内应力分布不均[31]。润滑的好坏能影响产品内应力的分布，拉拔变形区应力的骤然改变会引起拉拔产品力学性能的严重下降，在应力分布不均的情况下，局部内应力过高会导致制品的断裂。

（6）防止制品锈蚀[32]。在拉拔生产中，润滑剂还有防止锈蚀的作用，因为常用的润滑涂层（如磷化、皂化膜等），都具有良好的化学稳定性，可以抵抗或减缓大气腐蚀的进行，从而提高拉拔产品的抗腐蚀性，延长使用寿命，便于生产中的保管与周转。

6.3.2.4　拉拔过程中润滑机理

拉拔润滑工艺是由流体动力润滑机制、接触表面微观不平度夹带机制与接触面的物理及化学吸附机制共同作用，在变形区中形成润滑面及吸附塑化效应，起到润滑效果。在拉拔时，由于模具锥角的作用，润滑剂在变形区入口处形成楔形润滑剂油楔，黏附在拉拔金属表面的润滑剂随之同步运动，中间润滑剂作层流运动。由于模具固定不动，与拉拔金属之间存在着较大速度差，有强烈的"油楔效应"，润滑剂随模具楔形增压，从变形区入口处至润滑楔顶，润滑剂压力达到最大，当压力达到金属屈服极限时，润滑剂将被挤入变形区，形成一定厚度的润滑膜。这就是流体动力润滑机制[33]。

模具和拉拔金属表面都不可能绝对光滑平整，凹凸不平的表面中的凹穴将会储存润滑剂（称为润滑"油池"），拉拔时润滑剂将随同润滑"油池"带入变形区。表面愈粗糙带入的润滑剂愈多，润滑膜厚度就愈厚，这就是夹带机制[34]。

由于润滑剂中既存在非极性分子又有极性分子，其中非极性分子在范德华力作用下与拉拔金属表面产生的吸附称为物理吸附。它可以产生单分子层或多分子层吸附膜，第一层分子是靠非极性分子与拉拔金属间瞬时偶极相互吸附，而后多层分子是靠其分子间的吸引而黏附形成，在金属表面上第一层吸附分子能较牢固地吸附于金属表面产生有效的润滑作用。其他各层不能被牢固地吸附，从而在两金属表面吸附单分子层之间形成一个低剪切强度带，当拉拔制品与模具表面相对运动时，金属表面上第一层吸附层不发生相对运动，只在低剪切强度带的吸附分子层间发生相对运动，可提高润滑效果，但在较大压力和高温时上述吸附膜易被破坏，从而减弱其润滑效果[31]。

吸附是一个放热过程，所以润滑剂分子在吸附过程中会放出吸附热。衡量吸附程度重要的物理量是润滑剂分子对金属表面的吸附热，吸附热越大，形成的吸附膜越稳定，润滑效果越好。另一方面，因为吸附是一放热过程，将会使金属温度升高，引起吸附膜解吸、消向、吸附力减弱、膜厚减小、强度降低，从而降低润滑效果。因此，物理吸附膜只能用于接触压力小、温度和转动速度较低的工况条件。非极性分子只能在表面上产生较弱的物理吸附，其边界润滑性能较弱。

润滑剂中的极性分子通过化学键与金属形成一层单分子层的吸附，称为化学吸附，所形成的吸附膜为化学吸附边界膜。其特点是该膜中的金属离子并不离开金属晶格，而被吸附的润滑剂分子仍保留原来未起反应时的分子物理性能。化学吸附时需要较高的活化能，因此往往在较高温度下才能形成。典型的化学吸附热为 41868 ~ 418680J/mol，而物理吸附热只有 837.36 ~ 4186.8J/mol。所以化学吸附比物理吸附具有更高的吸附热，并且不完全可逆。一般在低温时，润滑剂分子与金属表面产生物理吸附，随着温度的升高，部分润滑剂的极性分子与金属产生电子交换而转变为化学吸附，并逐渐以化学吸附取代物理吸附。由于化学键的作用范围总是不能超过一个分子的距离，所以，化学吸附膜总是单分子层，不可能像物理吸附那样形成多分子层。化学吸附膜在摩擦过程中所起到的减摩作用的程度，取决于它对金属表面吸附强度的大小，即润滑剂化学吸附需要的活化能。

当在润滑剂中加入含有硫、磷、氯等活性原子添加剂时，润滑剂变为极性活化润滑剂，在由摩擦产生的高温条件下，活性原子会与金属发生化学反应，生成低摩擦的化学反应膜，并且这个生成过程是不可逆的。其膜层厚度仅受晶格弥散过程的影响。由于化学反应需要较高的活化能，所以必须在较高温度下才能发生反应，反应时会放出较多的热，反应产物原子间具有较大的键能。因此，通过化学反应形成的润滑膜强度远大于通过物理、化学吸附所形成的润滑膜强度。

通过化学反应形成的润滑膜在边界润滑过程中处于不断地破坏和建立过程中。它在拉拔时的高温高压作用下生成，又在强烈摩擦下破裂；破裂的同时极性活化原子又与金属再次发生化学反应形成润滑膜。这就是极压（EP）作用。实际上极压活性添加剂的作用就是对金属表层产生一种腐蚀作用，所生成的腐蚀层抗剪切强度极弱，从而减小了两运动的金属界面间的摩擦力。

极性活化润滑剂的另外一个作用，就是使金属塑性变形容易进行。主要是通过极性物质的吸附，使金属表面能（表面张力）降低，从而有利于变形金属表面积的扩大，以及新鲜表面的形成。同时，极性活化润滑剂能浸入金属表面的微观裂纹等缺陷内，由于"尖劈"效应，微观裂纹被扩大，金属变疏松，新的润滑剂就容易渗入到金属内部，从而使塑性变形时容易进行金属内的滑移。如脂肪酸等极性物质与金属表面氧化膜化合成皂，使表面剪切强度下降，因而金属塑性变形流动阻力减小，从而提高了润滑作用。这种金属表面吸附有极性润滑物质时，屈服应力降低，使塑性变形容易进行的现象叫"吸附塑化效应"。

由上述润滑机理可知：金属在拉拔时变形区可能存在流体润滑区、边界润滑区，以及部分金属微凸体处与模壁表面直接接触区。理想的润滑应使流体润滑区在变形区中占主导地位或占其全部，即实现流体动力润滑。

6.4　锻造过程中的摩擦与润滑

锻造是一种极为复杂的塑性加工技术，锻造加工过程中，金属毛坯在塑性变形时相对加工模具产生定向流动，与模具界面上产生摩擦和摩擦力，不仅使金属变形力增大、引起变形的不均匀，同时还会造成成形模具的磨损，大幅降低其使用寿命[35-36]。锻造工艺在润滑方面，由于润滑剂不能连续导入，润滑剂对工件外形、尺寸精度和内部与表面质量影响较大[37]。研究锻造过程中的"摩擦、模具磨损与润滑"之间的内在联系，利用摩擦的两面性特性，减少锻造过程中摩擦-磨损造成的危害（降低摩擦阻力和金属流动的不均匀性，以降低锻造载荷及能量消耗、减少模具磨损和失效）或有针对性地增加摩擦阻力促使金属平稳充满模腔，从而提高锻件精度、组织的均匀性及性能的稳定性，达到为锻件生产服务的目的[38]。本节将从锻造的基本概念、锻造成形工艺的摩擦特点、锻造工艺中的润滑等方面给予介绍。

6.4.1 锻造工艺

锻造是一种通过锻压机械对金属坯料施加压力，以使其发生塑性变形，从而得到具有特定力学性能、形状和尺寸的锻件的加工方法。锻造的优势在于消除金属在冶炼过程中产生的铸态疏松等缺陷，优化微观组织结构，并因保留了金属完整的流线，使锻件的力学性能通常优于同材料的铸件。对于负载高、工作条件严峻的重要零件，锻件是首选，而形状较简单的零件，如板材、型材或焊接件，可采用轧制等加工方法。

根据锻造温度，锻造可以分为热锻、温锻和冷锻。超过800℃的锻造为热锻，介于300~800℃的称为温锻或半热锻，室温下进行的称为冷锻。热锻广泛应用于多个行业，而温锻和冷锻主要用于汽车、通用机械等零件的锻造，可以有效地节约材料。

根据成形机理，锻造可分为自由锻、模锻、碾环、特殊锻造。

（1）自由锻。利用冲击力或压力使金属在上下砧面间各个方向自由变形，不受任何限制，从而获得所需的形状、尺寸和一定的力学性能的锻件的加工方法，简称自由锻。采用自由锻方法生产的锻件称为自由锻件。自由锻都是以生产批量不大的锻件为主，采用锻锤、液压机等锻造设备对坯料进行成形加工，获得合格锻件。自由锻的基本工序包括镦粗、拔长、冲孔、切割、弯曲、扭转、错移及锻接等。自由锻采取的都是热锻方式。

（2）模锻。金属坯料在具有一定形状的锻模腔内受压变形而获得锻件，模锻一般用于生产质量不大、批量较大的零件，模锻可分为开式模锻和闭式模锻。

1）开式模锻。开式模锻是金属在不完全受限制的模腔内变形流动，模具带有一个容纳多余金属的飞边槽。模锻开始时，金属先流向模腔，当模腔阻力增加后，部分金属开始沿水平方向流向飞边槽形成飞边。随着飞边的不断减薄和该处金属温度的降低，金属向飞边槽处流动的阻力加大，迫使更多金属流入模腔。当模腔充满后，多余的金属由飞边槽处流出。

2）闭式模锻。闭式模锻即无飞边模锻，一般在锻造过程中上模与下模的间隙不变，坯料在四周封闭的模腔中成形，不产生横向飞边，少量的多余材料将形成纵向飞刺，飞刺在后续工序中除去。

（3）碾环。碾环是一种利用专用设备——碾环机生产不同直径环形零件的加工方法，也被广泛应用于生产汽车轮毂、火车车轮等轮形零件。

（4）特种锻造。特种锻造包括辊锻、楔横轧、径向锻造、液态模锻等锻造方式，这些方式都比较适用于生产某些特殊形状的零件。例如，辊锻可以作为有效的预成形工艺，大幅降低后续的成形压力；楔横轧可以生产钢球、传动轴等零件；径向锻造则可以生产大型的炮筒、台阶轴等锻件。

根据锻模的运动方式，锻造可分为摆辗、摆旋锻、辊锻、楔横轧、辗环和斜轧等多种方式。除此之外，摆辗、摆旋锻和辗环还可以采用精锻加工。辊锻和楔横轧则可用作细长材料的前道工序，以提高材料的利用率。旋转锻造是一种类似于自由锻的局部成形方法，其优点在于即使在锻造力较小的情况下也能实现成形，相较于锻件尺寸而言，成形过程较为简便。然而，这种锻造方式中材料从模具面附近向自由表面扩展，难以保证产品的精度。为了解决这一问题，可以采用计算机控制锻模的运动方向和旋锻工序，从而在较低的锻造力下获得形状复杂、精度高的产品。例如，生产种类多、尺寸大的汽轮机叶片等锻件时，这种技术尤为有用。

6.4.2　锻造成形中的摩擦

从机械和摩擦学观点来看，所有形式的锻造包括热锻、冷锻、自由锻、模锻、开式模锻等，皆为间歇工艺过程。不论是压缩或击打期间的润滑剂总是受到压力和速度变化的作用，因此，在锻造时的残余润滑剂、磨损或产品光面也总是不断地变化。由于锻造过程很少有稳定状态，因此对其进行系统的分析很困难。

锻造过程通常包括模锻、自由锻和挤压过程，润滑对各种锻造工艺均有重要影响。因此，锻造产品质量与经济效益是研制发展锻造新工艺和与之相伴的润滑技术的主要动力。因为锻造加工工艺变化很大，故基本原理将通过轴对称圆柱镦粗问题来讨论，并将此原理推广应用在其他锻造加工工艺上。

6.4.2.1　镦粗的摩擦特点

镦粗是自由锻的典型型式，它是使锻件在锤头和砧座表面间的变形（其表面允许锻件向各方向自由变形），例如在水压机上进行的钢锭开坯齿轮坯的锻造，就属于此种锻造变形。

镦粗变形可采用热变形亦可采用冷变形，可镦粗加工小规格锻件（销钉头）也可加工大规格锻件（100t 左右的铸件锻造）。

A　圆柱体的镦粗

a　镦粗中的压力

接触表面上的压力分布直接反映了摩擦因素的影响。模具的平均压力

$$p_a = \frac{P}{A_1} \tag{6-11}$$

式中　A_1——工件镦粗后的截面积；

　　　　P——镦粗时施加在工件上的力。

式（6-11）具有很大的实际意义，因为，压力的作用下工具将发生弹性变形，它对锻造的尺寸精度有影响，而且密切相关，在模具设计中应考虑补偿。

为了简化计算，式（6-11）也可写成

$$p_a = Q_a \cdot \sigma_f \tag{6-12}$$

式中　σ_f——屈服应力；

　　　　Q_a——压力增益因子。

Q_a 可以从不同理论中得到，可以根据在滑动区摩擦系数为常数，也可基于接触面剪切系数 m 为常数（摩擦峰简化为直边，不考虑部分的黏着），以上两种处理都忽略不均匀变形。

b 屈服应力 σ_f 的确定

由前可知，在无摩擦圆柱镦粗时 $\sigma_f = p_a$，但实际中工具与镦粗件间不可能不存在摩擦，若 σ_f 从实测镦粗力 P_u 中得到，即

$$P_u = p_a A_1 = Q_a \sigma_f A_1 \tag{6-13}$$

$$\sigma_f = \frac{P_u}{Q_a A_1} \tag{6-14}$$

必须已知 Q_a，若想已知 Q_a，还要知道摩擦力值。

(1) 如果摩擦力从环形压缩试验或用测压计测得，实测 P_u 后，σ_f 由 Q_a 确定。在 d/h 比值小时，σ_f 的值较低，因为使用式（6-13）的 Q_a，此值估计过高。

(2) 如果镦粗是在黏着摩擦情况下，$d/h = 2$ 或更低些，摩擦因素的影响实际上可忽略。如果 d/h 是 0.5 或是 0.67（与侧面弯曲有关），σ_f 可以允许低一些。

(3) 研究人员试图用分段镦粗（相当麻烦）使用充满润滑剂的方法，使最终 d/h 值一直保持较小的镦粗确保近于理想的润滑状态。使用钢坯端面开槽夹存液体润滑剂的方法就可实现较理想的润滑。这样，在镦粗时通过给试件以储存润滑剂的槽，可以形成流体润滑垫，可镦粗脆性材料。不管怎样，模具（砧座和锤头）表面应保持光滑，这样可忽略摩擦影响，简化计算。

B 环形件的压缩

环形件的压缩具有较大的优点，其优点表现在仅从变形就可判别其润滑状态，而且无需知道 σ_f 值。当表面摩擦力为零时，环形件压缩变形就好像是一个固体圆盘，其圆环扩展，径向变形速度加大超过其他全部表面；摩擦稍增加，由最小能原理知其变形流动向着中心，孔的直径增长较小，中性线（中性圆环）扩大；摩擦力较高时，环形件内径减小，并且内、外侧表面皆为鼓形，压力峰值有较大增长。

上述环形件压缩试验可用来等价测量轧制中的前滑和作为评价润滑剂的方法。如果试件几何形状维持不变，而以压缩高度来精确模拟，观测其内径的变化就可以评价润滑剂的好坏，如直径减小量较少，说明剪切阻力小，摩擦较低。

C 矩形件的镦粗

矩形扁坯在平砧（砧座伸出扁坯外面）间镦粗时，变形以两个相反方向从中心（中性线）向外流动。恰如轧制那样，当黏着开始遍布表面时，其中性线扩展成中性区。在实际中，平面应变被施加于锻件的某些部分上，相邻各部分阻止尺寸方面的变化（如锻造连接杆把手）。由于摩擦而引起摩擦峰，与圆柱镦粗的压力分布和平均压力 p_p 一样，不同的是作为相同的 u 或 m 值，扁坯镦粗平均压力 p_p 较高，因为摩擦峰是成脊状而不成锥形。

扁坯镦粗时，如果没有阻力，变形也发生在宽度方向，因为长度方向滑动距离大。由于宽展对摩擦的敏感性，因此 Hill 提出用它来评价润滑剂。此时的试件应该是宽度 W_0 比长度 L 大 10 倍，其厚 $h = L/2$ 或类似等于 L。但是上述试验对于高摩擦值灵敏度低。因此引导出新的方法，即 Kosher 使用带坯锻造中折弯程度测量摩擦。

6.4.2.2 模锻的摩擦特点

A 概述

模锻分开式模锻和闭式模锻两种，开式模锻是有飞边的方法，即在模腔周围的分模面处有多余的金属形成飞边。也正由于飞边作用，才使金属充满整个模腔。开式模锻过程可有两个基本阶段：第一个阶段中，金属充满模腔同时流入飞边槽，这是开式模锻过程的先决条件；第二个阶段中，坯料过剩金属流入飞边槽，形成阻力，使金属充满模腔各凹圆角处，并使锻件在高度方向模锻。如图 6-12 所示，即工件在模具空间中与模具接触（图 6-12（a））；工件开始变形，形成飞边和充满模腔，受到模具的摩擦剪切阻力（图 6-12（b））；工件变形完结，模具分界面形成完整飞边，工件充满模空腔（图 6-12（c））。由此可见，在飞边槽中具有高摩擦，而模腔中需要低摩擦才有利于变形，但这两种矛盾的因素不容易协调达到要求。

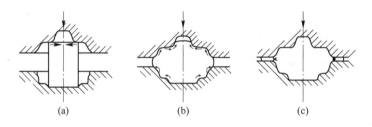

图 6-12　开式模锻过程[39]

闭式模锻是无飞边的方法，即在整个锻造过程中模腔是封闭的，其分模面间隙在锻造过程中保持不变，只要坯料选取得当，所获锻件就很少有飞边或根本无飞边，从而节约金属、减少设备能耗。

B 模具中金属的充满

在开式模锻中，金属充满模具空腔需要由飞边而引起的阻力，这样模锻时需要更高的压力，因此模锻最后瞬时所需的变形力包括两部分，即

$$P = P_f + P_u \tag{6-15}$$

式中　P_f——金属在飞边处变形时所需的力；

　　　P_u——金属在模腔内变形时所需的力。

金属在飞边处变形时所需的力 P_f 取决于飞边宽度与厚度之比和摩擦。

当模具空腔形状简单时，由上模中心表面的圆锥形孔隙可以很清楚地看到飞边中的阻力是否增加。随着飞边表面摩擦的增加，由模腔中圆锥形孔隙形成的压缩筋高度增加，它同时也受其几何条件——坯料的高与直径之比的影响，若其比值大，压缩筋高度则增加。有人建议利用这种试验作为测定摩擦力的方法之一。

模锻模具有不同的形状，为了使锻件容易脱离，其锻模有拔模斜度，其拔模斜度取决于工件材料、设备和工件形状。因模具和工件间温度差较大，又因锻件脱离模具位移较长而延迟脱模时间，在模具凸台（凸出）上工件收缩的危险增大，故必须使用较大的内拔模角。若迅速地操作、用机械推出工件时可允许使用较小的拔模角，在等温模锻时拔模角可以最小。

因为坯料体积要稍大于模膛尺寸，当模膛已经充满，这些多余的金属便流入飞边槽。飞边槽包括两部分，即桥部和仓部。在正确设计飞边槽时，飞边处金属的变形只发生在宽度为 W 和深度为 h 的飞边桥部区域内。在模锻过程中飞边厚度 h 之值是变化的，而在模锻最后瞬时其值最小。飞边仓是为容纳多余金属而设，应有足够的深度，以免飞边金属在仓内被压缩（镦粗）。飞边槽尺寸通常选择标准尺寸，而这个标准尺寸是在具有理论根据的试验基础上制定的。飞边分模面极限 W/t（W 为飞边槽宽度）小于 5。

在一般开式模锻中使用润滑剂时，几乎不可能在模膛中形成低摩擦，而在飞边槽中形成高摩擦，这时润滑的作用是比较小的。只有当坯料直径比模膛宽度（或直径）小时，润滑才可能有作用。为此，通常在模锻较大断面锻件，为使之断面充满模膛才使用润滑。但也有人指出：在开式模锻中润滑会妨碍金属在模膛中的充满，这是因为润滑会使金属容易从飞边槽中溢出。

C　锻造后的推出力

根据测量锻制工件后的推出力，可估计摩擦力的作用。上述观点被 Tolkien 采用，通过模拟大扁坯的盘形坯的锻造，当盘形坯端面充满模膛时的总锻造力为 P 时，可定量测出其滑动摩擦力的大小；通过锻造，由于塑性变形使工件与模壁表面相接触后，从模膛中将锻件推出所需的力可知；据其可反映模具和工件黏着时的摩擦力的大小。

6.4.2.3　闭式模锻及挤压变形的摩擦特点

闭式模锻在整个锻造过程中模膛是封闭的，其分模面间隙在锻造过程中保持不变，因此要求准确地计算原料的体积，或在闭式模中采用防止过充满时的安全孔。

A　闭式模锻的工序

真正的闭式模锻中，飞边如果在整体上形成，通常在冲头运动的方向上变成飞刺毛边。基本的锻造工序如镦粗和冲孔，常常是正、反挤压变形工序的联合，在一个行程中不是一个工序就是两工序同时发生。实际上，闭式模锻常常是正挤压（图 6-13(a)）或者正和反挤压变形（图 6-13(b)）。众所周知：正挤压总是伴有模壁阻碍坯料的滑动（摩擦妨碍材料流动），当挤压空心件时更是如此（图 6-13(c)）。

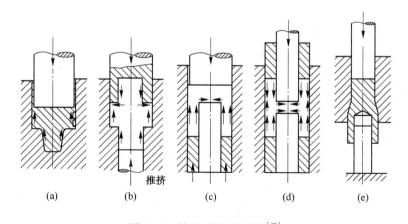

图 6-13　挤压-锻造的操作[40]

相反，在正、反挤压联合形式下的变形中，材料流动方向上的摩擦是有助于挤压变形

（图6-13（b）和（d）），故此种变形所需的力比单个正挤压变形所需的力要小。在管子挤压中（图6-13（c）和（d）），由于冲头的被夹裹润滑膜的减薄导致问题复杂化，虽如此，有人还将此变形按比例缩小作为润滑剂的评定方法。冲头一般被制成微锥形便于材料流动，如果没有过量润滑剂，圆形冲头具有使润滑剂减薄特性。

B　挤压变形的摩擦特点

经剪切的棒（线）材的端部断面，在锻造时必须要进行有效的润滑。此种锻造过程具有冷拉伸和镦粗变形，可用于冷锻、冷挤压或者在薄壁筒中的反挤压及冲挤压。上述锻造所用模具，在使用润滑时可没有拔模斜度，锻造后用推出器将锻件推出。

在锻造时使用润滑剂还有一重要作用，就是在锻造过程中具有相对滑动时或成品推出期间保护已形成的表面。通常润滑膜破裂和模具黏结不是在成形期间而是在推出期间。

冲头和模具压力可以用润滑方法减小，而对于制造很复杂的零件时，用热加工，虽然此时会增加润滑工作的难度，但为了减小压力和考虑锻件的成形只得采用。

特殊形式的闭式锻造用于金属粉末的压缩成形，其成形过程有冷或热的锻造预成形，之后经烧结才最后成形。在冲头上采用低摩擦和锥形表面有利于粉末的固结。在单动压力机上进行压缩，由于压力作用在下面冲头上，模具筒壁上的摩擦力被减小，而上下冲头压力比可用来进行润滑剂的评价。如果上述方法不能有效地减小模筒壁上的摩擦，可使模筒浮动，这是最低能量状态，有时特地采用高摩擦下的镦粗，如预锻烧结件的热镦粗，此时侧面出现鼓形抑制破裂。

采用高摩擦模锻变形必然伴有模压增加的发生，为了避免这种情况的发生，可用改变变形的方法。如采用转动模，使滑动摩擦变为滚动摩擦，虽然不均匀变形程度增加、模具结构复杂，但有利于成形也是可取的。

6.4.3　锻造工艺中的润滑

润滑对锻件生产的影响是综合性的，不限于降低工件与模具接触表面之间阻碍金属毛坯塑性流动（充满模腔）的摩擦，起到减小变形力、提高模具寿命的作用；实际上，润滑涉及锻件生产过程的各个方面，直接影响企业竞争力。

6.4.3.1　锻造润滑剂的分类

锻造润滑剂可以根据其使用用途、润滑对象、化学成分、物理特性以及形貌或聚集状态等多个方面进行分类。

（1）按照使用用途，可以分为热锻、等温锻、冷锻、温锻、旋锻和挤压润滑剂，以及冲压和拉拔润滑剂等。按照用途还可进一步分类为润滑-脱模-冷却模式和防护-润滑-隔热模式的润滑剂等。

（2）按照主要润滑对象不同，可分为模具润滑剂和锻坯润滑剂。模具润滑剂在锻造前涂覆在模具上，作为锻造过程的一个工序；而锻坯润滑剂则在锻造前（对于热锻则在加热前）涂覆（或施加）在锻坯上，作为一个独立的锻造工序。

（3）按照化学成分，可以分为多种类别：单一化学成分的矿物油、合成油脂、动物油、植物油、复合油、石墨、二硫化钼、软金属、硅酸盐和脂肪酸盐（皂）等，含有多种化学成分的混合润滑剂，包括各种油基和水基的石墨（或二硫化钼）等。

（4）按照物理特性、物态或聚集状态，可以分为液态、固态和非晶态（玻璃态）三种。而通过不同润滑材料的组合配制，润滑剂的形态更加多样，一般可以分为液态、半固态、固态、非晶态和混合态五种形态。这五种形态的润滑剂都在锻件生产中得到应用。

1）锻造用液态润滑剂主要包括矿物油、合成油、动物油、植物油等油基润滑剂，以及水基润滑剂如乳化液（水包油和油包水）等。

2）锻造用半固态润滑剂包括有机润滑脂和无机润滑脂等。

3）锻造用固态润滑剂主要有石墨、二硫化钼、氮化硼、金属氧化物、聚四氟乙烯、软金属、磷酸盐膜和草酸盐膜以及硫化物等。

4）锻造用非晶态润滑剂主要是硅酸盐玻璃。

5）在上述润滑剂分类中，应用最广泛的是锻造用混合态润滑剂，主要包括水基石墨（二硫化钼）、油基石墨（二硫化钼）以及玻璃防护润滑剂等。这些润滑剂主要由液态、固态和非晶态润滑材料配制而成，每类润滑材料又有很多品种，因此组合配制的润滑剂品号非常多。

对于油基和水基模具润滑剂及脱模剂，通常是在水或各种油中加入清净分散剂、抗氧抗腐蚀剂、极压抗磨剂、降凝剂、防锈剂、增黏剂和抗泡剂等添加剂，以及石墨、二硫化钼及其他过渡族金属的硫化物、氮化硼、金属氧化物、聚四氟乙烯、软金属、各种磷酸盐等固体润滑材料进行配制。

6.4.3.2 润滑状态

传统理论认为，根据摩擦副工作条件的不同和润滑材料在摩擦面间所起的作用，可将润滑状态划分为流体润滑、弹性流体润滑、边界润滑及混合润滑。在流体润滑和弹性流体润滑状态下润滑膜支承着压力，隔离摩擦副表面，极少产生磨损现象，但当压力逐渐增加时，润滑膜被挤破或因摩擦力增大时产生的摩擦热不能及时散发到环境中，局部温度骤升，导致润滑膜物理化学状态被破坏，出现边界润滑及混合润滑状态。

润滑状态主要与摩擦系数、载荷、速度和润滑剂有关。锻造摩擦副的润滑状态与机械摩擦副基本相似，主要有固体润滑、边界润滑和流体润滑。由于锻造和机械摩擦副的工作环境的差异较大，其摩擦系数、载荷、速度、磨损和润滑剂特性及其润滑方式也有较大差异。

图 6-14 和图 6-15 所示分别为机械摩擦副在不同润滑状态下的摩擦系数和磨损速率的

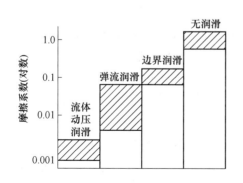

图 6-14　不同润滑状态下的摩擦系数比较[5]

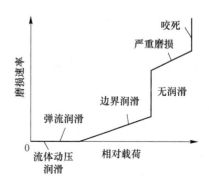

图 6-15　不同润滑状态下磨损率比较[5]

比较图。由此二图可以看出，摩擦系数和磨损率都按照流体润滑、边界润滑和无润滑的顺序递增。

由图 6-15 还可以看出，在流体润滑和弹性流体润滑情况下，由于没有微凸体的接触，几乎不会产生磨损。在边界润滑状态，微凸体的接触程度和磨损速率将随载荷增加而增加。从边界润滑过渡到无润滑状态时，磨损率会发生突变；严重时会咬死，所以机器零件一般不能在无润滑条件下正常工作。

锻造摩擦副的润滑状态也基本符合机械摩擦副的润滑状态。但是，由于锻造摩擦副的高温、高压和脉冲加载及加温的特点以及锻造润滑剂物态或形态（液态、半固态、固态、非晶态和混合态）的多样性，锻造润滑状态也有其特殊性。例如，机械摩擦副中的流体润滑包括流体动压润滑、流体静压润滑和弹性流体动压润滑。而在锻造润滑状态中，只有在特定条件（如异型模曲面接触摩擦副的表面在运转时会发生弹性变形）下，同时在采用玻璃润滑的特种合金锻造才能形成弹性流体润滑。另外，固体润滑（如软金属镀膜）在锻造摩擦副的润滑状态中的应用要比在机械摩擦副中普遍，也更重要。特别是自由锻，正常情况下是在无人工润滑条件下进行的。按照物理特性，润滑材料的物态有液态、固态和玻璃态。锻造润滑剂的物态则由液态、固态和玻璃态三者组合而成，它们是：液态（含液-液态）、固态、液-固态、半固态、非晶态和液-非晶态等。各组合状态相应的润滑剂分别有：矿物油或动植物油（含乳化液），石墨、二硫化钼和氮化硼，软金属、塑料、金属氧化物和无机盐等，水基（或油基）石墨（或二硫化钼）润滑脂，硅酸盐和硼酸盐玻璃，以及水基玻璃润滑剂等。

由于锻造摩擦副的高温、高压和脉冲式加载以及对模具和毛坯分别进行润滑的特点，在实际锻造过程中，锻造润滑剂不断起物理、化学和冶金变化，致使绝大多数的锻造润滑状态不再处于润滑剂的原始物态。例如，在采用液态润滑剂（如乳化液）润滑时，在理论上，应该是液-气态，但在实际锻造过程中，由于毛坯和模具中的少量氧化皮的混入，其润滑状态可能与采用液-固态（如水基石墨）润滑剂一样，都是液-气-固态，只是固体粒子较少。再如，当非晶态毛坯润滑剂（如玻璃粉或玻璃布）和液-非晶态毛坯润滑剂（如水基玻璃）或固态毛坯润滑剂（如软金属镀层）与液-固态模具润滑剂（如水基石墨）联合使用时，其实际润滑状态仍然是液-气-固态。可见在热模锻条件下，润滑状态基本上都是液-气-固态，其区别只是摩擦副中液态、气态和固态润滑剂所占的比例不同。而在冷锻场合则有所不同，当采用液态模具润滑剂（如矿物油或油基石墨）和固态毛坯润滑剂（如磷酸盐膜）联合润滑时，其实际锻造过程的润滑状态则为液-固态。综合上述，尽管锻造摩擦副的润滑状态复杂多变，在热模锻情况下基本上都处在液-气-固态润滑状态，在冷锻情况下处于液-固态润滑状态，二者均属于边界润滑范畴，其摩擦系数一般在 0.08 ~ 0.2；只有当模锻特种合金采用玻璃润滑剂的少数情况下，才能获得摩擦系数在 0.08 以下的弹性流体润滑状态。

当然，在自由锻情况下，属于固体润滑，其摩擦系数一般在 0.6 左右或更高。现将固体润滑、流体润滑和边界润滑三种润滑状态在锻造和普通机械润滑摩擦副特性方面的比较列于表 6-1。

表 6-1 锻造润滑和普通机械润滑摩擦副特征的比较[5]

润滑状态	普通机械摩擦副	锻造摩擦副
固体润滑	在高速运转又无润滑（固体润滑）时，磨损率会突然增大，严重时会咬死，所以机器零件一般不能在无润滑条件下正常工作。 在滑动轴承轴瓦（内衬）上涂镀铅锌合金作润滑剂，以提高低速运转轴承的寿命。在滚动轴承滚道上镀或沉积固体润滑膜可以大幅度减少摩擦磨损，使寿命大幅提高	自由锻造摩擦副是典型的固体润滑状态。 在热模锻、冷锻和等温锻造等塑性成形过程中，石墨、BN 和 MoS_2 润滑剂是不可缺少的润滑剂和脱模剂，但一般与油或水等液体联合使用；石墨润滑剂在钨、钼和钛及其合金的拉丝过程中是不可缺少的润滑剂
流体润滑	机械摩擦副的流体膜润滑包括流体膜动压润滑、流体膜静压润滑和弹性流体膜动压润滑。其摩擦系数按照顺序在 0.0006 ~ 0.08 依次递增。典型的流体膜动压润滑是滑动轴承的轴颈高速旋转时形成油楔使轴颈悬浮的润滑状态	在特定条件（如异型模膛曲面接触摩擦副的表面在运转时会发生弹性变形）下，同时在采用玻璃润滑的特种合金锻造才能形成摩擦系数在 0.08 以下的弹性流体膜润滑
边界润滑	在机械摩擦副中，如果载荷太大、速度太低和摩擦副表面粗糙度太差，将会发生润滑油膜被刺穿，即发生微凸体之间的接触，而导致摩擦磨损的增加。机械摩擦副的边界润滑主要发生在矿山和轧钢等重型、低速机械，也常常发生在高速旋转机械的启动和停机过程中	边界润滑是锻造摩擦副中最重要的润滑状态。通常锻造摩擦副中的边界润滑状态由液-气-固态三相介质所组成。其中固相（如石墨或二硫化钼）起主要承载作用。 玻璃润滑剂与水基或油基石墨（或二硫化钼）润滑剂在锻造摩擦副中也常常形成边界润滑状态，其润滑介质是由液-气-固-非晶态四相介质所组成

6.4.3.3 润滑的作用

润滑工艺在锻件生产中的作用可以总结为以下几点：

（1）提高模具寿命。润滑降低了摩擦系数，直接减少模具的磨损，从而提高了模具的寿命。此外，润滑还起到隔热和冷却模具的作用，防止模具表面温度过高，减少塑性变形和降低耐磨性，从而间接提高模具寿命。

（2）节约能源。润滑减少了变形总载荷 10% ~ 20%，降低了能耗，根据润滑剂的质量和润滑工艺水平的高低，节约能源的效果更为显著。

（3）节约锻件材料。润滑使金属流动均匀，模膛充填充分，可以改善锻件表面质量并减少加工余量。同时，采用软金属和玻璃作为毛坯防护润滑剂，除了具有润滑作用外，还对毛坯表面起到保护作用，防止氧化、脱碳和合金元素贫化，也减少了锻件的加工余量。

（4）提高生产率。润滑使锻件顺利出模，特别是对于复杂形状和精密模锻件的出模尤为重要。润滑的效果影响着模锻件的尺寸公差和生产率，在自动或机械化生产线上，保证锻件正常出模是机械手可靠工作和设备与模具安全的保障。

（6）提高锻造设备寿命和利用率。润滑降低了锻造载荷和能量，减少了锻造设备的磨损，从而延长了设备寿命并提高了设备利用率。

（7）提高变形的均匀性和锻件组织性能的均匀性和稳定性。良好的润滑工艺不仅减少了变形的摩擦阻力，还改善了摩擦的均匀性，提高了锻件的整体变形均匀性，从而提高了锻件组织和性能的均匀性和稳定性，也增强了锻件的使用性能和可靠性。

（8）改善锻件表面质量。润滑减少了模具表面的磨损，保持了良好的表面粗糙度和几何尺寸，获得了优良的模锻件表面质量和几何形状。

6.5　冲压成形工艺中的摩擦与润滑

冲压成形的基本工序有分离和变形两大类，其中的板成形过程在板料与模具之间发生相对运动时必然伴随着摩擦行为的发生，摩擦力也是板金属成形过程中重要的外力之一，目前有些成形方法还是利用摩擦力作为主作用力。然而，摩擦行为对冲压过程的冲压力大小、成形极限、回弹量以及表面质量均能产生一定影响。采用工艺润滑不但可以有效地控制摩擦，改善冲压制品的质量，延长模具寿命，还可以利用摩擦补偿金属塑性成形性的不足，充分发挥模具的功能。另外，在某些条件下，润滑效果的优劣又是决定冲压过程能否顺利进行与生产产品是否合格的关键，特别是目前冲压工艺正朝着高速化、连续化和自动化的方向发展，对冲压制品的表面质量与尺寸精度要求越来越高，进而对冲压过程中的摩擦控制与工艺润滑提出了更高的要求，与冲压润滑有关的冲压技术发展动向见表6-2。

表6-2　与冲压润滑有关的技术发展动向

项　目	发展动向	工　艺　要　求	希望的冲压油
材料	轻量化 防锈 改善环境	高强度钢板、铝合金板增加表面处理	防止烧结性好的油 不生白锈的油（非氯系油） 产生粉末少的油
生产效率	生产量增加 自动化 多种少量生产	高速化 连续自动化冲压机的采用 FMS化	水溶性油、低黏度油、生产通用油、专用油
产品形状	轻量化 形状复杂化	小型化 薄壁化	防止裂纹、擦伤的油
工作环境	环境保护 人身健康	防止空气污染 防止侵害皮肤	水溶性油、极低黏度油、非氯系油、高精制基础油

6.5.1　冲压工艺

6.5.1.1　冲压工艺的基本概念

冲压成形是指靠压力机和模具对板材、带材、管材和型材等施加外力，使之产生塑性变形或分离，从而获得所需形状和尺寸的工件（冲压件）的加工成形方法。冲压的坯料主要是热轧和冷轧的钢板和钢带。全世界的钢材中，有60%～70%是板材，其中大部分经过冲压制成成品。汽车的车身、底盘、油箱、散热器片、锅炉的汽包、容器的壳体、电机、电器的铁芯硅钢片等都是冲压加工成形的。仪器仪表、家用电器、自行车、办公机械、生活器皿等产品中，也有大量冲压件。常见冲压设备如图6-16所示。

6.5.1.2　冲压工序分类

根据材料的变形特点，可将冲压工序分为分离和成形两大类。分离工序是指坯料在冲

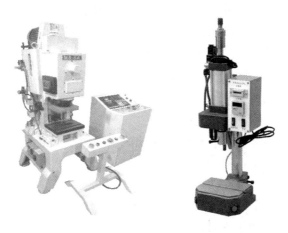

图 6-16 常见的冲压设备

压力作用下，变形部分的应力达到强度极限后，使坯料沿一定轮廓发生断裂而产生分离的塑性成形工序；成形工序是指坯料在冲压力作用下，变形部分的应力达到屈服极限，但未达到强度极限，使坯料产生塑性变形，成为具有一定形状、尺寸与精度制件的塑性成形工序。成形工序主要有弯曲、拉伸、翻边和旋压等。

6.5.1.3 冲压模具

冲压零件的生产包括三个要素，即合理的冲压成形工艺、先进的模具和高效的冲压设备。冲压模具是冲压生产必不可少的工艺装备，模具设计与制造技术水平的高低，是衡量一个国家产品制造水平高低的重要标志之一，在很大程度上决定着产品的质量、效益和新产品的开发能力。冲压模具的形式很多，一般可按以下两个主要特征分类。

A 根据工艺性质分类

按工艺性质，冲压模具可分为冲裁模、弯曲模、拉伸模和成形模。

（1）冲裁模。沿一定的轮廓线使板料产生分离的模具，如落料模、冲孔模、切断模、切口模、切边模和剖切模等。

（2）弯曲模。使板料毛坯沿某一直线（或曲线）产生一定角度变形的模具。

（3）拉伸模。将板料毛坯制成开口空心件，或使空心件进一步改变形状和尺寸的模具。

（4）成形模。将毛坯或半成品工件按凸、凹模的形状直接复制成形，而材料本身仅产生局部塑性变形的模具，如胀形模、缩口模、扩口模、起伏成形模、翻边模和整形模等。

B 根据工序组合分类

按工序组合，冲压模具可分为单工序模、复合模和级进模。

（1）单工序模。在压力机的一次行程中，只完成一道冲压工序的模具。

（2）复合模。只有一个工位，在压力机的一次行程中，在同一工位上同时完成两道或两道以上冲压工序的模具。

（3）级进模。在毛坯的送进方向上，具有两个或两个以上的工位，在压力机的一次行程中，在不同的工位上，同时完成两道或两道以上冲压工序的模具（也称连续模）。

通常，模具由工艺零件和结构零件组成。工艺零件是直接参与工艺过程的零件，并和坯料有直接接触，包括工作零件、定位零件和卸料与压料零件等。结构零件不直接参与完成工艺过程，也不和坯料直接接触，只对模具完成工艺过程起保证作用，或对模具功能起完善作用，包括导向零件、紧固零件、标准件及其他零件。

6.5.1.4　冲压成形的特点

冲压成形加工与其他加工方法相比，无论在技术方面，还是在经济方面，都具有许多独特的优点，主要表现在以下几方面：

（1）尺寸精度由模具来保证，所以加工出来的零件质量稳定、一致性好，可直接装配使用；

（2）冲压成形可以获得其他加工方法所不能或难以制造的壁薄、质量轻、刚性好、表面质量高、形状复杂的零件；

（3）材料利用率高，属于少屑、无屑加工；

（4）效率高、操作方便，要求的工人技术等级不高；

（5）模具使用寿命长，生产成本低。

但是，冲压成形加工也存在以下缺点：

（1）噪声和振动大；

（2）模具精度要求高、制造复杂、周期长、制造费用高，因而小批量生产受到限制；

（3）如果零件精度要求过高，冲压生产难以达到要求。

6.5.2　冲压成形中的摩擦

冲压成形工艺的种类众多，摩擦特点也不尽相同，本节以压弯成形为例，介绍冲压成形工艺的摩擦特点。

6.5.2.1　压弯成形中的基本概念

弯曲是金属薄板成形中的一种基本变形方式，有着极广泛的应用。除纯弯曲零件外，在其他成形方式中也多包含有弯曲或拉弯的变形成分。故探明弯曲的规律，明确其影响因素，不仅对弯曲成形是必要的，而且对其他的板金属成形，如拉深、拉胀、翻边和收口等的研究也是十分重要的。

6.5.2.2　压弯成形的常用方法

弯曲板材所用的方法可归纳为五大类：

（1）纯弯矩弯曲。是一种理想的弯板方法，实际生产中应用很少，但在理论分析中却常采用。

（2）压弯。又名三点弯曲。压弯有无底模压弯和有底模压弯之分，前者又称为自由弯曲（air bending）。

（3）绕弯。将细长板、管或型材绕一定形状的模胎逐渐弯曲的方法，如板材常用的折板机（或称为翻板机），管和型材常用的绕弯机都属于此类弯曲方法的工具。

（4）辗弯。利用 2～4 个旋转的长辊，将连续送进的板料弯成有较大曲率半径的筒形、锥形或非等曲率的单曲度弯曲件，工业中的筒形锅炉腔体就是用此法制成的。

（5）多位滚压成形。又称多位滚弯（roll forming），系利用多对有逐渐变化的咬合型腔的滚轮，将长的条料或卷料逐级弯成所要求的断面形状。此法适用于大批生产，能制造的板弯型材断面形状几乎不受限制。

6.5.2.3　压弯成形中的摩擦分析

板材弯曲都包括成形和回弹两个变形过程，由于板弯件的刚度较小，其回弹量要比其他成形更为明显，所以，对板材的弯曲既要重视其成形机理的研究，也要重视其回弹现象的研究，回弹是板材定形性的一个重要表现。

板弯曲成形的极限是弯曲区外纤维的开裂或出现细颈，对于薄板弯曲也可以不经过细颈阶段直接发生开裂。在各种成形方法中，薄板弯曲是唯一以开裂为极限的成形方法。

关于弯曲成形中的摩擦分析却常为人们所忽视。在某些资料中甚至认为"弯板并不需要润滑"。应强调指出：用不用润滑和要不要进行摩擦分析是两件事。事实上，有相当多弯板件的质量问题得不到解决，其原因就在于忽视了摩擦的影响。对于厚板、高强度板和表面要求高光亮度的板，摩擦润滑更是不可忽视的重要工艺因素。

在弯曲成形中，模具与板材的接触有三处，如图 6-17 所示。凸模与板材接触区从开始到进入塑性弯曲之前的一段时间都是线接触。板在接触点处的曲率半径只取决于力矩 M，而与凸模圆角半径无关。发生塑性弯曲之后，板中央部分开始按照凸模弧面进行弯曲，随后位于中央两侧的板材也逐渐进入塑性弯曲并包围到凸模圆角上。所以从宏观来说，两者之间有正压力，却没有相对滑移，故可以说没有摩擦力。但从细观角度，随着弯曲程度的增大和板厚的变薄，使表面纤维在接触凸模后有所增长。故仍有可能出现微量位移和产生摩擦力。

板材两侧被支撑在凹模圆角上，各瞬间都可认为是线接触，支点的反作用力使两者间出现正压力。对于板面不平有翘曲的板，在凸模开始施加压力时，板首先被压平，此时板有可能沿支点向外侧产生微量移动。其后两侧的板在绕支点旋转的同时被拉入凹模，所以凹模圆角处的摩擦力，除了在弯曲刚开始期间外，其他时候方向都是向外的，如图 6-17 所示[41]。

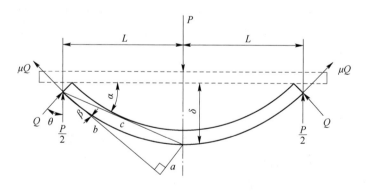

图 6-17　板材的三点弯曲

分析成形过程可得到的规律如下所述。

A　凸模与板材间的摩擦力

（1）在三点压弯中可忽略不计，也可不使用润滑剂。但在弯曲非对称件时，凸模与板材间的摩擦力有阻止板材向一侧滑动的作用。

（2）在用有底凹模弯曲时，除弯曲外还包括有一压校（bottoming）过程。当压校力足够大时，可以使弯曲区的板厚减薄，使应力应变状态改变，因而可收到回弹角减小的效果。此时凸凹模与板材接触面上的摩擦力将对回弹角的消失产生一定影响，有润滑的凸模其回弹角消减不如无润滑者消减的多。

B　凹模支点与板材间的摩擦力

（1）摩擦系数 μ 使弯矩增加，使作用力增大，同时对板断面内的应力分布也会产生一定影响。尤其在弯曲厚板或高强度板材时，支点摩擦力是个不能忽视的作用力。据统计，在压弯较厚钛板时，损耗在摩擦力上的功率约为11%。

（2）凹模支点摩擦力使弯曲带有拉弯的性质，当用有压边板凹模弯曲时，拉弯性质将更显著一些。

（3）支点摩擦力是造成弯曲件外表面出现擦伤形成冲击线（shoke line）的主要原因。冲击线的位置在毛料与凹模圆角开始接触处，在成形后的工件上为一条有微量变薄的压痕线。凸模压下的初期，位于凹模支点以外的板一方面要翻转，一方面要滑入凹模。翻转要克服惯性力，滑入要克服较大的静摩擦力，所以板被凹模圆角压印出一条微量变薄的压痕线，即冲击线。板两侧需翻转的质量愈大，板愈厚，冲击线愈明显。冲击线一般为一光亮的压痕，变薄量有限。所以对零件强度不会有任何影响，但影响零件的外观。

（4）在压弯开始阶段，支点与板材间只有旋转，尚无明显的相对滑移，其后随板材被凸模压下，支点与板材间出现滑移，所以有可能造成板件外表面的擦伤。

（5）应该指出，压弯过程中凹模支点的摩擦对保证弯角两侧壁的平直度有明显的效果，支点外的余料质量愈大，凸模下降的速度愈快，弯曲后的两侧壁也愈趋平直。

支点处正压力的大小取决于板厚、两侧余板的质量、凸模下行的速度和凹模两支点间的跨度等因素。因为支点处的接触方式为点接触型滑移，很容易将润滑剂挤走或括掉。加之压弯用的模具多为通用模，使用频繁，模口易被损伤或挂有模瘤，且板材面积较大，表面粘有杂物和脱落的氧化皮等原因。所以压弯过程中，零件外表面的擦伤是生产中常见的现象。解决的办法除应注意模具的维护和使板面清洁外，还应当注意使用润滑剂，润滑剂的配方可按板材的种类、厚度和强度确定。

6.5.3　冲压工艺中的润滑

6.5.3.1　冲压润滑的作用

一般工件在冲压过程中，尤其是在冷锻冲压加工过程中，温度会很快升高，必须加润滑油润滑，如果不使用润滑而直接冲压，除工件光洁度受到影响外，模具寿命将缩短，同时精度降低，为此模具方面的改进将投入大量费用[41]。

6.5.3.2　冲压润滑与普通润滑的区别

随着冲压润滑技术的发展，国外逐渐将冲压润滑技术向环保、高效、无油发展，全球权威专业冲压润滑技术和产品研发机构 IRMCO 进行大量试验，得出冲压润滑与普通润滑有如下区别。

A　冲压润滑

（1）无闪点；优异的渗透性和可稀释性——用量减少50%；良好的冷却性——保护

模具避免高温高压——延长模具寿命，降低废品率；可以降低冲压金属的等级——节省大量的成本；保持车间清洁——免拖地板/消除模具内的油垢。

（2）洁净焊接——焊接前无需清洗，避免了虚焊；便于检查焊接质量；便于搬运；手套寿命延长；少异味/少烟。

（3）清水或者弱碱清洗，延长清洁池水寿命；清洗池内沉淀物减少75%，避免反复清洗；水温要求较低——减少能耗。

（4）工件的高清洁度——提高了喷涂的附着力；漆可以喷得更薄；无气孔，不流淌，没有起泡和陷穴现象；与电泳漆和粉漆兼容。

（5）废油排放量减少约75%；可以直接向下水道发放并达到对鱼类无害的标准，没有排放费用或损害环境责任。

B　普通润滑

（1）有闪点；不可稀释和渗透性一般——高消耗量；冷却性差——超温/超压停机故障——过多磨损模具，增加废品率；车间清洁费用高——地板干燥剂；地板/模具积累大量的油垢。

（2）焊接产生的烧结油垢；不便于检查焊接质量；油污严重、搬运困难；手套消耗量大；有害焊接——大量异味/烟。

（3）需要很强力的有害洗涤剂，清洁池水污染迅速；需要经常清理池中沉淀物；污水排放量高；经常需要反复清洗。

（4）工件的清洁度低——影响喷涂质量；喷漆表面易产生气孔、流淌和陷穴现象；与高固体漆兼容性差；增加了返工率，喷涂费用增加。

（5）废油污水排放量大；严格限制排放；排放处理费用高，对环境负长期责任。

6.5.3.3　冲压润滑剂的选择

A　选用润滑剂的原则

（1）使用要求。对润滑剂的要求不同，选用重点亦应不同，例如：以减摩为主；以提高模具寿命为主；以使零件有高光亮度为主；以冷却为主等。

（2）操作要求。例如：易涂覆；易清除；不腐蚀零件与模具；无毒；不伤损工人皮肤；安全不易燃；能长期库存，不变质、发霉和生臭等。其中"易清除"对生产更为重要。尤其是对需经中间热处理的零件。

（3）对后续工序的影响。例如，对成形后的焊接、表面保护、喷漆等工序不应带来大的困难，或影响质量。

（4）经济要求。例如：成本低、资源丰富；配制、涂覆、清洗等辅助工作不需复杂的装置和占用较大的车间面积等。

除上述之外，生产中还需考虑批量问题，例如：采用高速冲床的大批量生产，模具易热，选润滑剂应考虑冷却效果；采用多工位连续生产，润滑剂黏度如果太大会影响零件的脱模、定位等。

要想生产稳定，必须保证润滑剂的稳定。为此生产中必须特别重视对润滑剂的科学管理，例如不同种类的润滑剂应分别用容器储存；所有容器都应加盖，以防混入尘灰杂物；润滑剂的领取、收回和使用都应有一套完整的制度；还应定期对储存的润滑剂进行鉴定等。这些在我国许多工厂都未给予足够的重视，这也往往是废品率高的原因之一。

B　板材成形润滑剂

在国外一些工业先进的国家，都有多种板材成形专用润滑剂出售，其配方都是保密的，资料中公开的配方或已过时，或仅适用于某一特定条件。表 6-3 为部分推荐润滑剂，仅供参考。

表 6-3　推荐钣金件成形润滑剂

名　称	成　分	应 用 范 围
板材表面保护油或再生油	板材出厂涂面油，经收集，再生熔炼	适用于轻成形或一般成形
机油	加入 5%～8% 动植物油	适用于轻成形和一般成形
极压润滑剂	55%～60% 矿油； 10% 动植物油； 30%～35% 氯化石蜡	适用于重成形，强力旋压，变薄拉深，深拉深成形，但不易清除
拉延润滑剂	矿油、油脂、金属皂和极压剂的混合	适用于拉深成形和重成形
石墨油膏或 MoS_2 油膏	根据需要加入一定量矿油	适用于深拉深和重成形，但清除困难
碳化处理	处理后加矿油或浸在金属皂剂内，然后使用	用于高强度钢或易擦伤钢板的拉深和重成形
固体膜润滑	0.03～0.06mm 的聚乙烯或聚四乙烯薄膜，两面涂以矿油	适用于重成形，但不宜用于批量生产

关于润滑剂配方，在一些板材冲压手册中可见到，本书无法详列，仅下述几点供选用配方时参考。

（1）板材品种不一，变形方式与变形程度亦各异，因而对润滑剂的要求也不同，所以不存在一种万能的润滑剂。应根据材料、变形程度和质量要求，依照润滑原理自行试验配制。最好通过试验求出几项主要的定量指数，然后在生产中试用。根据效果，再适当调配成分。好的润滑剂就是这样逐步完善而制成的。

（2）使用市面商品润滑剂，亦应当通过试验和试用后，方能确定它是否具备要求的性能，切忌一次大量进货，以免造成浪费。

（3）希望市面出售的润滑剂，附带有必要的定量指数。例如：适用材料；标准试验中的摩擦系数、磨损率、冷却系数、酸值；适用温度、速度和对后续工序的影响等。

6.6　本 章 小 结

通过上述介绍可知，金属塑性加工方式（轧制、挤压、拉拔、锻造和冲压）在其成形过程中，根据不同金属材料的不同成形方式选择合适的润滑介质可以有效降低轧辊（模具）与轧件（工件）间摩擦力，润滑是能否得到良好挤压成形制品的关键，在合理的润滑条件下挤压，不仅能够得到质量优良的挤压产品、降低挤压能耗，而且可以延长工模具的使用寿命。

习题与思考题

6-1　什么是轧制，轧制的作用主要有哪些，轧制变形区如何表征？

6-2　说明改善咬入条件的途径。

6-3　什么是金属及合金的实际变形抗力，它的影响因素有哪些？试分析冷、热轧时各影响因素的确定方法。

6-4　简述冷轧板带钢生产中采用工艺润滑及大张力轧制的主要原因。

6-5　使用轧制乳化液的目的是什么？

6-6　金属轧制用润滑剂选择的主要依据是什么？

6-7　在冷轧轧制过程中，工艺冷却及润滑的目的是什么？

6-8　反挤压进入稳定挤压状态时，可将坯料的变形情况分为几个区域？

6-9　冷挤压模具有哪些特点？

6-10　温挤压对润滑剂有什么要求？说明常用润滑剂的种类、特点和使用方法。

6-11　分析说明摩擦如何影响挤压制品表面质量。

6-12　为什么有时挤压实心材时采用无润滑挤压？

6-13　挤压时为什么要进行表面处理，表面处理有哪几种形式？

6-14　挤压时金属流动分几个阶段，各阶段挤压力如何变化的？

6-15　试分析拉拔过程中摩擦对金属变形的影响。

6-16　为什么拉拔前进行表面处理？

6-17　简述拉拔润滑剂在使用过程中的要求、方式及特点。

6-18　拉拔润滑的作用是什么？拉拔过程中可能出现什么问题，如何解决？

6-19　简述金属拉拔过程中可能产生的减摩抗磨机制。

6-20　锻造工艺分为哪几种，闭式和开式模锻有何优缺点？

6-21　金属锻造成形润滑剂按照加工工艺以及分类有哪些？

6-22　总结金属锻造润滑剂的作用及性能。

6-23　根据本章内容，思考关于锻造工艺对润滑剂的要求。

6-24　根据锻造过程中摩擦的特点，分析讨论不同锻造工艺所需的润滑剂。

6-25　冷冲压有哪些特点？

6-26　什么是冲裁工序，它在生产中有何作用？

6-27　什么叫弯曲回弹，其表现形式有哪些？

6-28　冲压成形工艺还有哪些种类，具有什么样的摩擦特点？

6-29　简述冲压加工润滑剂的分类及其特点。

参 考 文 献

[1] 王康健，李云静，姜正连，等. 材质对轧制油润滑性的影响研究 [J]. 润滑油，2009，24 (6)：21-23，29.

[2] 储灿东，彭颖红，阮雪榆. 连续挤压成形过程仿真中的摩擦模型 [J]. 上海交通大学学报，2001 (7)：993-997.

[3] 吴建清. 轧制工艺乳化液的行为及作用机理的基础研究 [D]. 重庆：重庆大学，2016.

[4] 赵凯. 棕榈基植物油冷轧轧制油的研究 [D]. 上海：华东理工大学，2019.

[5] 石淼森. 金属塑性加工中的润滑 [J]. 矿山机械，2001 (4)：85-87.

[6] Yun I S, Wilson W R D, Ehmann K F. Review of chatter studies in cold rolling [J]. International Journal of Machine Tools and Manufacture, 1998, 38 (12): 1499-1530.

[7] Wilson W R D. Lubrication in metal forming [J]. Tribology, 1995: 101-112.

[8] Patir N, Cheng H S. An Average Flow Model for Determining Effects of Three-Dimensional Roughness on Partial Hydrodynamic Lubrication [J]. Journal of Lubrication Technology, 1978, 100 (1): 12-17.

[9] 袁鹏飞, 苏娟华, 宋克兴, 等. 关键参数对铜银合金丝线材拉拔力的影响 [J]. 河南科技大学学报（自然科学版）, 2021, 42 (3): 7-11, 2.

[10] Ikumapayi O M, Ojolo S J, Afolalu S A. Experimental and theoretical investigation of tensile stress distribution during aluminium wire drawing [J]. European Scientific Journal, 2015, 11 (18): 86-102.

[11] 陈岩, 肖桥平, 李坤, 等. 超薄超细智能手机热管拉拔工艺及组织性能演变 [J]. 锻压技术, 2022, 47 (8): 111-117.

[12] 侯向秦. 油气长输管线典型管段及其附属设施的风险评价 [D]. 成都: 西南石油大学, 2003.

[13] 徐文琴, 孙英达, 姜磊. 某摩托车变速器副轴内裂纹失效分析 [J]. 热加工工艺, 2015, 44 (12): 233-235.

[14] 张胜华, 刘楚明, 胡其平, 等. "金属塑性加工原理"课程改革实践 [J]. 现代大学教育, 1995 (3): 43-45.

[15] 张露. 热处理及加工工艺对 CaO/AZ91 复合材料组织性能的影响 [D]. 天津: 天津理工大学, 2022.

[16] 苟毓俊, 双远华, 周研, 等. AZ31B 镁合金管材纵连轧损伤与温度场探索性研究 [J]. 稀有金属材料与工程, 2007, 46 (11): 3326-3331.

[17] 张世龙. 填芯管材的拉拔成形成机理研究 [D]. 沈阳: 东北大学, 2016.

[18] 郭晰元. 耦合工况下橡胶—管柱接触界面干摩擦力学行为分析 [D]. 大庆: 东北石油大学, 2020.

[19] 姚勇, 杨贞军, 张麒. 硅烷涂层提升钢纤维-砂浆界面性能的试验研究 [J]. 浙江大学学报（工学版）, 2021, 55 (1): 1-9, 30.

[20] 王开盛. 环境温度对四级钢丝扭转性能的影响 [J]. 金属制品, 2002 (5): 21-23.

[21] 屈智煜, 秦鹤年. 钢材拉拔润滑剂的应用与发展 [J]. 润滑与密封, 2008 (6): 107-110.

[22] 牛海东. 晶粒形态、尺寸及显微缩松对 Ag-28Cu-0.75Ni 合金超细丝加工、电学及力学性能的影响 [D]. 昆明: 昆明理工大学, 2020.

[23] 胡雄风, 蒋海福, 张燕杰, 等. 一种奥氏体-马氏体（A-M）型双相不锈钢专用冷拔细丝润滑剂的研发 [J]. 锻压技术, 2018, 43 (11): 120-126.

[24] 胡伟. 滚动直线导轨冷拔工艺研究 [D]. 秦皇岛: 燕山大学, 2017.

[25] 杨德崇. 不锈钢丝拉拔润滑剂 [J]. 合成润滑材料, 2007 (1): 33-36.

[26] 张务林. 钢丝生产润滑技术的研究和应用 [J]. 润滑与密封, 1993 (2): 13-19.

[27] 王顺. TP2 铜管材拉拔智能化工艺设计 [D]. 沈阳: 沈阳理工大学, 2021.

[28] 李皓, 韩丽梅, 周俊兰. ER307Si 盘条高速拉拔焊丝生产工艺改进 [J]. 金属制品, 2022, 48 (2): 10-15.

[29] 刘阳, 莫彩萍, 程渊, 等. 水基拉丝润滑液的管理与优化实践 [J]. 金属制品, 2016, 42 (3): 38-41.

[30] 武战利. 钢管内外高压润滑精密拉拔成形技术研究 [D]. 秦皇岛: 燕山大学, 2015.

[31] 张召铎. 铜管拉拔成形摩擦机理及润滑剂性能测试装置研究 [D]. 济南: 山东大学, 2005.

[32] 颜寿葵. 金属成形模具的磨损、润滑和表面处理 [J]. 锻压技术, 1984 (4): 56-61.

[33] 杨学锋. 碳化钛基陶瓷拉丝模的研究开发及其相关基础理论研究 [D]. 济南: 山东大学, 2006.

［34］欧栋生．微型直齿沟槽管充液旋压-多级拉拔复合成形机理及应用［D］．广州：华南理工大学，2012.

［35］章立预．冷温热精锻模具润滑与寿命［J］．锻造与冲压，2020（9）：32，34-36.

［36］石淼森．锻造加工中的固体润滑［J］．锻压机械，1998（1）：32-33.

［37］李卫旗，马庆贤．摩擦行为在锻造过程中的研究现状与进展［J］．锻压技术，2014，39（6）：9-19，23.

［38］Wen S，Huang P. Principles of Tribology［M］．John Wiley & Sons（Asia）Pte Ltd，2012.

［39］杜力，王雪婷．金属加工基础［M］．北京：机械工业出版社，2020.

［40］常荣福．冲压成形中的摩擦分析［M］．北京：航空工业出版社，1989.

［41］孙建林．材料成形摩擦与润滑［M］．北京：国防工业出版社，2007.